联邦学习原理与应用

向小佳 李琨 王鹏 郑方兰 田江 著

电子工业出版社
Publishing House of Electronics Industry
北京·BEIJING

内 容 简 介

本书既是关于联邦学习技术和实践方法的介绍，又是关于联邦学习在业界，特别是金融科技行业应用实践的案例展示。

第 1 章介绍联邦学习的发展背景和历程，以及金融业中数据共享的机遇和挑战。第 2 章~第 5 章介绍不同类型的机器学习方法在联邦学习模式下的实现，以及关键算法原理。第 6 章介绍联邦学习开源框架 FATE 的架构和部署，以及在金融控股集团内大数据平台上建立跨机构统一数据科学平台的实施方案。第 7 章从建模者的角度展示了典型建模流程的实战过程。第 8 章和第 9 章结合金融相关行业的实践，以多个应用案例和解决方案的形式，介绍联邦学习在营销运营和风险管理等不同业务方向上不同层次的应用实践。第 10 章从人工智能的不同方向介绍联邦学习应用扩展及前景。附录介绍了联邦学习框架中相关的密码学工具。

本书适合隐私保护计算研究者（特别是联邦学习技术的研究者）、大数据和人工智能方向的开发者及大数据相关的应用人员阅读参考。本书为希望使用大数据技术和从事数据分析挖掘的业界人员提供了新的思路和视角。

未经许可，不得以任何方式复制或抄袭本书之部分或全部内容。
版权所有，侵权必究。

图书在版编目（CIP）数据

联邦学习原理与应用/向小佳等著. —北京：电子工业出版社，2022.1
ISBN 978-7-121-42301-7

Ⅰ.①联… Ⅱ.①向… Ⅲ.①机器学习 Ⅳ.①TP181

中国版本图书馆 CIP 数据核字（2021）第 228522 号

责任编辑：石　悦
印　　刷：天津千鹤文化传播有限公司
装　　订：天津千鹤文化传播有限公司
出版发行：电子工业出版社
　　　　　北京市海淀区万寿路 173 信箱　　邮编：100036
开　　本：720×1000　1/16　印张：19.5　字数：306 千字
版　　次：2022 年 1 月第 1 版
印　　次：2022 年 1 月第 1 次印刷
定　　价：109.00 元

凡所购买电子工业出版社图书有缺损问题，请向购买书店调换。若书店售缺，请与本社发行部联系，联系及邮购电话：(010) 88254888，88258888。
质量投诉请发邮件至 zlts@phei.com.cn，盗版侵权举报请发邮件至 dbqq@phei.com.cn。
本书咨询联系方式：(010) 51260888-819，faq@phei.com.cn。

序 1

随着互联网的出现,世界变成了"地球村"。时空的"连接"促成了生产效率的提升和社会经济的发展。随着大数据和 AI 时代到来,联邦学习作为一种新形态的"连接",促成了大数据资产的形成与流通,具有广阔的应用前景。

金融科技领域是现阶段联邦学习实现产业落地的主战场之一。除了在金融领域客户大数据应用和智能化服务迅猛发展,在数据领域隐私保护问题逐步凸显,也是联邦学习出现的关键因素。

光大科技有限公司植根于金融科技领域,于 2018 年就开始探索数据的加密共享。基于对联邦学习的"数据不动模型动,数据可用不可见"两大特点的深刻理解,以及在工程落地方面对联邦学习框架的软件化和灵活化、联邦学习模型的场景化和自主化、联邦数据资产的线上化和透明化的尝试,光大科技有限公司在联邦学习领域的研究逐步深入。

本书是光大科技有限公司对近年来探索工作的总结,基于金融科技领域的数据共享现状、数据合规要求,结合金融控股集团的现实需求,对联邦学习"能做什么、如何做、将要做什么",描绘了清晰发展路径。同时,本书对联邦学习在前沿应用中诞生的新技术与新方法(涵盖推荐、营销、风控、数据要素流通等领域),做了创新性的论述,且有相关论文、专利甚至落地场景的支撑。

本书适合隐私保护计算研究者、大数据和人工智能方向的开发者及大数据相关应用人员阅读参考,尤其为金融科技赛道的从业者提供了指导。本书的作者为光大科技有限公司深耕大数据领域的专家团队。我很荣幸能为本书作序，愿大家共襄数据时代的盛举。

李璠

中国光大集团股份公司科技创新事业部总经理

光大科技有限公司党委书记、总经理

序 2

数据是新时代的驱动引擎。在人工智能越来越重要的今天，是否拥有海量数据关乎成败。因为数据是由不同机构、企业、部门产生并拥有的，所以汇集数据至高性能数据中心进行处理、建模，是传统的行之有效的方法。然而，这种方法将不再适用。

随着社会的发展，用户隐私和数据安全的关注度正不断提高。从个人层面上来看，数据拥有者极力反对无限制计算和使用敏感数据，隐私信息未经许可便被商业机构利用被视为违规。从法律层面上来看，法律制定者和监管机构拟出台新的法律来约束数据的使用。在这样的环境下，不同机构间的数据分析会越来越困难。

联邦学习正是解决这些挑战的关键技术之一。在过去的几年里，不论是在研究领域，还是在产业领域，尤其在金融科技领域，我们都见证了联邦学习从无到有、由面对质疑到逐步崭露头角的历程。联邦学习基于同态加密等方法来保证本地训练数据不公开，在此前提下，同步实现多个数据拥有者协同训练一个共享的机器学习模型。基于不同的应用场景，联邦学习逐步发展出了横向联邦学习、纵向联邦学习、联邦迁移学习等类型。

作为金融控股集团的成员，光大科技有限公司在融会贯通联邦学习原理、算法、平台框架的基础上，聚焦机构业务、产融协同，对联邦学习的落地应用展开探索。本书为团队探索经验与知识的结晶，希望以金融科技为突破口，以实践推广为目标,以创新发展为初心,为联邦学习应用于产业贡献绵薄之力。

本书共 10 章,内容丰富,围绕联邦学习在金融科技领域的落地应用展开论述,循序渐进,由浅入深,涵盖范围包括背景历程、算法模型、平台框架、应用实战,还包括联邦学习与数据要素流通、自然语言处理等新兴领域结合的思考与展望。本书可以作为计算机科学、人工智能和机器学习专业学生的入门参考书,也可供大数据、人工智能、金融科技领域的应用程序开发人员和数据挖掘人员,甚至研究机构的研究人员阅读,提供了新的思路和视角。

向小佳
光大科技有限公司副总经理

前　　言

"数据是新时代的石油"。石油需要经过勘探、开采、提炼才能成为石化产品，服务人类，体现价值。数据同样需要经过治理和挖掘才能产生价值。在数据治理和挖掘的过程中，数据的应用面临很多困难和挑战。解决"数据孤岛"问题是其中最突出的难点。隐私保护是近年来从个人用户到政府都高度关注的内容。如何在保护个人隐私和数据安全的情况下，实现跨机构的数据联合使用，是当前大数据产业和人工智能技术应用的重要课题与探索方向。

2020年被认为是国内联邦学习和隐私保护计算的应用元年。无论是掌握最丰富数据资源的互联网"大厂"，掌握大量金融数据的银行和丰富通信数据的电信企业，还是传统的提供数据服务的第三方科技公司，都开始布局联邦学习，或提出应用架构框架，或结合业务建立行业解决方案。这既是数据共享和价值挖掘有着巨大的应用需求与价值的表现，也是面对严格的法律和监管要求，数据相关工作的一种必然的选择。

联邦学习作为一种隐私保护计算技术，为数据的联合建模和价值挖掘提供了可行的解决路径，正在实践中高速发展。在金融科技发展的过程中，对于数据的跨机构联合使用有强烈的应用需求。在服务中国光大集团打造世界一流金融控股集团的战略目标过程中，特别是在服务集团数字化转型和E-SBU协同战略的实践中，光大科技有限公司作为集团科技创新的实践者，聚焦数字化、智能化，从2019年年初就开始积极跟进联邦学习的最新发展，加入联邦学习FATE开源社区并提交代码为社区做贡献，积极参与行业技术标准的制定。光大科技有限公司在集团协同场景中探索，并在中国光大集团数据港上打造联邦学习平台，帮助集团内成员企业实现跨机构联合数据应用。

作为金融科技行业的参与者，我们把在联邦学习上的探索和实践经验分享给业界，希望为大数据和人工智能在金融行业的落地应用、数字经济发展和国有企业数字化转型贡献一份力量。这也是我们编写本书的初心和动机。我们尝试从联邦学习发展的背景、技术方法和工具的原理、落地实践的详细过程、与金融业务相关的应用案例、应用展望等方面，多角度、多层次地展示联邦学习及其在金融科技行业应用的全貌。

在编写本书的过程中，特别是在资料收集方面，我们得到了光大科技有限公司大数据部同事的大力帮助，在此特别向张明锐、凌立、周权、魏乐、额日和、卢格润、彭成霞、原田、毕光耀、樊昕晔、李钰、王义文、解巧巧等表示衷心的感谢。本书的编写和出版得到了电子工业出版社博文视点公司石悦老师，从选题策划到布局谋篇等方面的帮助。我们也对石悦老师表达感谢。此外，我们还要特别感谢香港科技大学的杨强教授和联邦学习 FATE 开源社区创始人陈天健，他们阅读了本书初稿并提出了很多宝贵的意见和建议，使我们对 FATE 框架的介绍更加准确与深入。

最后，我们还要感谢光大科技有限公司和中国光大集团，以及集团内的其他成员企业。它们鼎力支持，并提供了强大的技术平台和良好的协同环境，让我们能够最终完成本书的写作。

目 录

第1章 / 联邦学习与金融科技应用介绍 ··········· 1
1.1 联邦学习的发展背景和历程 ············ 1
1.2 金融数据价值挖掘的联邦学习实践 ······· 8

第2章 / 联邦学习算法之建模准备 ············· 13
2.1 联邦学习的分类 ···················· 13
2.2 样本对齐的实现方式 ················ 16
2.2.1 基于哈希函数的普通对齐方式 ····· 16
2.2.2 基于非对称加密算法的隐私保护对齐方式 ··· 17
2.3 特征工程的联邦学习实现方式 ·········· 20
2.3.1 特征工程简介 ················· 20
2.3.2 联邦特征工程 ················· 23

第3章 / 联邦学习算法之模型实现 ············· 25
3.1 线性模型的联邦学习实现方式 ·········· 25
3.1.1 横向联邦学习中的线性模型 ······· 27
3.1.2 纵向联邦学习中的线性模型 ······· 29
3.2 极端梯度提升树的联邦学习实现方式 ····· 39
3.2.1 XGBoost 算法介绍 ············· 40
3.2.2 SecureBoost 算法介绍 ·········· 42
3.3 深度学习类算法的联邦学习实现方式 ····· 48
3.3.1 深度学习的基本概念 ············ 48
3.3.2 常用的深度学习算法介绍 ········· 49
3.3.3 联邦深度学习算法介绍 ·········· 52

第 4 章 / 基于联邦学习的推荐系统 ……………………………… 62

4.1 信息推荐与推荐系统 ……………………………………… 62
4.2 矩阵分解和因子分解机的实现方式 ……………………… 64
4.2.1 基于隐语义模型的推荐算法 ………………………… 65
4.2.2 矩阵分解算法 ……………………………………… 65
4.2.3 因子分解机模型 …………………………………… 67
4.3 联邦推荐系统算法 ………………………………………… 69
4.3.1 联邦推荐算法的隐私保护 ………………………… 69
4.3.2 联邦推荐系统的分类 ……………………………… 70
4.3.3 横向联邦推荐系统 ………………………………… 71
4.3.4 纵向联邦推荐系统 ………………………………… 76

第 5 章 / 联邦学习应用之数据要素价值 …………………… 87

5.1 联邦学习贡献度 …………………………………………… 87
5.1.1 背景介绍 …………………………………………… 87
5.1.2 基于缺失法的贡献度计算 ………………………… 87
5.1.3 基于 Shapley 值的贡献度计算 …………………… 89
5.2 基于联邦学习的数据要素交易 …………………………… 92
5.2.1 数据要素交易的背景与现状 ……………………… 92
5.2.2 基于联邦学习的交易机制构建 …………………… 95

第 6 章 / 联邦学习平台搭建实践 …………………………… 98

6.1 联邦学习开源框架介绍 …………………………………… 98
6.2 FATE 架构与核心功能 …………………………………… 100
6.3 金融控股集团联邦学习平台简介 ………………………… 106
6.4 FATE 集群部署实践 ……………………………………… 108
6.4.1 All-in-one 方式部署 FATE 集群 …………………… 110
6.4.2 Docker-Compose 方式部署 FATE 集群 …………… 119
6.4.3 在 Kubernetes 上部署 FATE 集群 ………………… 126
6.4.4 FATE 集群部署验证 ……………………………… 141
6.4.5 FATE 集群配置管理及注意事项 ………………… 144

6.5 与异构平台对接·· 152
    6.5.1 与大数据平台对接·· 152
    6.5.2 与区块链平台对接·· 156
    6.5.3 多参与方自动统计任务··· 160

第 7 章 / 联邦学习平台实践之建模实战 165

7.1 横向联邦学习场景·· 165
    7.1.1 建模问题与环境准备··· 165
    7.1.2 横向联邦学习建模实践过程··· 168
7.2 纵向联邦学习场景·· 187
    7.2.1 建模问题与环境准备··· 187
    7.2.2 纵向联邦学习建模实践过程··· 190

第 8 章 / 跨机构联邦学习运营应用案例 210

8.1 跨机构数据统计·· 210
8.2 在交叉营销场景中的联邦学习实践··· 215
    8.2.1 联邦学习在交叉营销场景中的应用·· 215
    8.2.2 信用卡交叉营销的联邦学习案例··· 216
8.3 联邦规则抽取算法及其在反欺诈与营销场景中的应用······························ 220
    8.3.1 基于 F-score 的联邦集成树模型和其对应的业务背景······································ 220
    8.3.2 损失函数、剪枝和自动化规则抽取··· 222
    8.3.3 纵向和横向 Fed-FEARE··· 227
    8.3.4 横向 Fed-FEARE 应用于金融反欺诈··· 229
    8.3.5 纵向 Fed-FEARE 应用于精准营销·· 232

第 9 章 / 跨机构联邦学习风控应用案例 235

9.1 联邦学习下的评分卡建模实践··· 235
    9.1.1 背景需求介绍·· 235
    9.1.2 联邦学习框架下的评分卡建模·· 236
    9.1.3 联邦学习框架下的评分卡模型优化·· 237
    9.1.4 应用案例·· 239
9.2 对企业客户评估的联邦学习和区块链联合解决方案······························· 243
    9.2.1 金融控股集团内对企业客户评估的应用背景··· 243

　　　　9.2.2　联邦解决方案的内容 244
　　　　9.2.3　券商对公客户的评级开发 245
　9.3　在保险核保场景中银行保险数据联邦学习实践 247
　　　　9.3.1　保险核保 247
　　　　9.3.2　智能核保 248
　　　　9.3.3　联邦学习与智能核保 249

第10章 / 联邦学习应用扩展 256

　10.1　基于联邦学习的计算机视觉应用 256
　　　　10.1.1　联邦计算机视觉简述 257
　　　　10.1.2　研究现状与应用展望 259
　10.2　联邦学习在自然语言处理领域的应用 261
　　　　10.2.1　联邦自然语言处理技术进展 261
　　　　10.2.2　联邦自然语言处理应用 262
　　　　10.2.3　挑战与展望 263
　10.3　联邦学习在大健康领域中的应用 263
　　　　10.3.1　联邦学习的大健康应用发展历程 264
　　　　10.3.2　挑战与顾虑 266
　10.4　联邦学习在物联网中的应用 268
　　　　10.4.1　物联网与边缘计算 268
　　　　10.4.2　人工智能物联网 270
　　　　10.4.3　研究现状与挑战 271

附录 1　RSA 公钥加密算法 272

附录 2　Paillier 半同态加密算法 275

附录 3　安全多方计算的 SPDZ 协议 285

参考文献 290

第1章
联邦学习与金融科技应用介绍

1.1 联邦学习的发展背景和历程

在互联网产业兴起的过程中,特别是在移动互联网主导大众生活的今天,大数据(Big Data)技术和人工智能(AI)已经在广泛的应用场景中获得了巨大的成功,并极大地影响甚至改变了大众的工作和生活模式。然而,大数据和人工智能的应用依然面临着众多问题,其中包括两个棘手的挑战:一个是数据在多数行业和场景中并不连通,仍以"孤岛"的形式存在,在使用层面存在着重重障碍;另一个是数据带来了对用户隐私的威胁,数据应用的用户隐私安全性成为技术应用必须满足的前提。为了解决这些问题,多种基于不同技术路线的解决方案被提出,并开始被尝试应用在包括金融科技在内的实际场景中。其中一种被普遍看好的解决方案——"联邦学习",自提出后已经快速发展成为人工智能的热门研究领域,并在金融科技行业中开始了实际应用,引起了金融机构极大的关注。

下面简要回顾联邦学习从萌芽到扩展的发展史,并介绍学术界给出的联邦学习定义,以及在应用实践中联邦学习体系结构,希望让读者对联邦学习有全面而明晰的了解,认识到联邦学习是一种基于联邦机制为数据提供方进行数据联合、共享数据价值的解决方案,并理解其在保证用户数据安全和个人隐私信息上的有效性和可行性。

2016 年，谷歌公司旗下 DeepMind 的 AlphaGo 击败了顶尖的人类围棋职业选手。从专业的从业者到普通大众，都看到了人工智能令人难以置信的威力和引人遐想的潜力。人们开始期待，在自动驾驶汽车、生物医学工程、医疗诊断、药物筛选和开发、金融科技等更多应用中，使用人工智能技术带来用户体验的大幅提升和场景革命。在过去的几年中，人工智能技术已经在众多行业和场景中展现出了自己的优势和威力。但是，在人工智能的发展史中，最突出的一个特点就是半个多世纪的人工智能发展经历了多次高峰和低谷。这一次人工智能的热潮会不会又紧连着低谷呢？

不难发现，大数据的爆发式兴起和发展直接催生了当前这轮人工智能的浪潮。2016 年，AlphaGo 在 30 万盘人类对局棋谱的基础上训练模型，取得了惊人的成绩。随后出现的具有突破性意义的 AlphaGo Zero，也是建立在数以百万计的自我对弈基础上的。人们期待人工智能在生产和生活中的应用也自然是由数据驱动的。但是，实际上行业和应用中的数据情况还不能令人满意。数据通常都十分有限，而且数据质量堪忧，难以使用。这些都让人工智能技术的应用落地充满挑战，远比人们期待的情形多出许多困难，需要完成难以实现的海量额外工作。那么通过多方联合以数据传输的方式将数据融合到一起是不是一种可能的解决方案呢？在实践中并没有这么简单，要打破各方之间数据上的壁垒解决"数据孤岛"问题通常都无比困难。在人工智能实践落地项目中，常常涉及多种不同类型的数据。以和大众生活最直接相关的产品智能推荐服务场景为例，产品销售方（涉及常说的电商甚至新零售）掌握相应产品的属性信息，通过渠道上的数据采集，收集用户浏览、购买等行为数据。然而企业还会进一步尝试使用与用户购买能力评价和用户消费习惯相关的画像数据。在大多数行业中，数据分散储存在各个不同的企业中，从物理上都被隔离了。在实践中，除了基于同业竞争和隐私安全合规的考量，由于企业内部复杂的架构和管理流程，甚至在同一个法人企业的不同条线或者部门之间，数据联合使用的阻力也是无比巨大的，常常有无形的隔阂使其难以顺利落地。

从数据制造者的角度来看,作为大数据和人工智能应用受益者的个人用户,特别是在无孔不入的数据应用的"打扰"下,对个人数据安全和个人信息保护的意识不断提高。立法机关、政府部门对数据安全和个人隐私保护的重视程度不断提高,相关的立法和监管已成为全球性趋势。随着社会对大数据的关注,与数据泄露隐私有关的事件引起了媒体广泛报道,在大众中引发了巨大反响,政府监管部门也高度重视。2016年,在美国大选过程中,一家名为剑桥数据的公司,以不正当的方式获取Facebook用户授权,进而以隐秘的方式收集数据,并将其应用于服务对象,让世界震惊。面对这一复杂的局面,各国的立法机关和政府部门都在加强数据安全和用户个人隐私保护的监管并立法。欧盟于2018年5月25日颁布并实施了《通用数据保护条例》(GDPR),成为全球在立法层面的先行者。GDPR明确要求企业在阐述用户协议时必须使用清晰、易懂的语言,协议必须赋予用户"被遗忘的权利",即用户可以随时撤回对企业使用与自己相关的个人数据的使用授权,要求企业删除与用户自己相关的个人数据。任何商业机构如果有违反该法案的行为,欧盟都将对其处以严厉惩罚和巨额罚款。在欧盟之外,中国也正在制定和出台数据安全和个人信息保护方面的法律。2017年施行的《中华人民共和国网络安全法》、2019年发布的《数据安全管理办法(征求意见稿)》、2020年发布的《中华人民共和国个人信息保护法(草案)》都针对提供数据相关应用的业务方,提出了数据安全和个人信息保护方面的原则性要求,并且在利用数据与第三方进行相关合作时,也需要确保遵守法律,保护用户的隐私,合法合规地使用数据。这些都使得数据联合使用对人工智能的推动受到极大的限制,给充分进行数据融合带来了新的挑战。

从落地应用的层面来看,传统的基于数据联合的人工智能,常常采用简单的数据交互模式。各个数据提供方收集各自的数据,然后基于要联合使用的目的,协商统一寻找出有中立立场的第三方提供服务。多个数据提供方将数据传输给第三方,第三方负责整理和融合各方的数据。作为中立角色的第三方按照数据提供方的意愿和目标,利用集成后的数据,构建并训练得到模型,再组织成相应服务,提供给有需求的各方使用。人工智能的应用通常以模型服务的形式提供,合作方可以以灵活的方式完成商务合作。这种传统模式显然不能满足上述与数据相关的法律法规和监管的要求。从用户的角度来看，他们事先不能被告知数据的用途、建模的目的和模型的用途，因此这种模式更直接地违反了 GDPR 及有同类型条款的法律。在大数据和人工智能的应用实践中面临着一个两难的局面，一方面被割裂开的数据以"孤岛"形式存在，另一方面在不同的地方收集的数据很难自由融合并交由第三方进行人工智能处理，这样的行为在大多数情况下都被禁止。如何合法合规地使用被隔离的数据是大数据和人工智能应用实践最急需解决的问题。

为了解决这样的问题，联邦学习（Federated Learning，FL）的概念在谷歌的 McMahan 等人 2016 年的工作中最早被提出[1]。他们的工作就是利用分布在多个设备上的数据，联合构建机器学习模型，而又不泄露设备上的数据。这项工作主要处理移动设备上的联合学习问题，针对分布式移动终端上用户的数据交互模式，引入隐私保护的方法，防止数据泄露。在解决方案中，需要考虑的主要是隐私保护技术带来的大规模分布式通信的成本优化、数据分配的负载平衡，以及设备可靠性带来的方案安全性等一系列问题。后续改进工作也针对这些方面展开。之后改进工作的方向，还包括针对各种数据联合场景进行统计量的计算、在不同的合作模式假设下安全的联合学习设计，以及联邦学习在个性化推荐和本地个性化设置中展开。

在联邦学习的概念诞生后，联邦学习主要应用在移动终端上。在这一模式发展的同时，强烈的数据融合建模需求，驱动了将联邦学习扩展到其他场景和合作模式上，涌现了一批新的方法和工作，例如在多个数据提供方间通过特征联合进行模型训练。在这个场景中，数据在特征中通常以用户 ID 或设备 ID 按横向分割进行划分。这就导致这里涉及的隐私保护更加重要和关键。这里涉及的技术与传统安全意义下的隐私保护机器学习有着紧密的关系，主要考量在分布式的学习环境中，如何实现数据安全和隐私保护。在应用实践中，联邦学习的概念被扩展到跨组织的协作学习中，同时按照数据提供形式的变化，原始的"联邦学习"被扩充成所有"带有隐私保护机制的分布式机器学习"的通用概念。2019 年，香港科技大学的杨强教授及其合作者提出了"联邦学习"的一般定义[2]。

定义 N 个数据所有者 $\{F_1, F_2, \cdots, F_N\}$，他们都希望通过合并各自的数据集 $\{D_1, D_2, \cdots, D_N\}$ 来训练机器学习模型。一种常规方法是将所有数据放在一起，并使用 $D = D_1 \cup D_2 \cup \cdots \cup D_N$ 来训练模型 M_{sum}。联邦学习是一种学习过程，数据所有者共同训练一个模型 M_{fed}。在该过程中，任何数据所有者 F_i 都不会将其数据 D_i 暴露给其他人。在学习的过程中，M_{fed} 的准确性（表示为 V_{fed}）应该非常接近 M_{sum} 的准确性 V_{sum} 的性能。令 δ 为非负实数，如果有 $|V_{\text{fed}} - V_{\text{sum}}| < \delta$，那么称联邦学习算法有 δ-acc 级的损失。

隐私保护是联邦学习最基本和最重要的性质，这就需要从理论到实践全面实现。关于隐私保护的研究工作要早于联邦学习定义的出现。来自密码学、数据库、机器学习等方向的众多专家和学者的研究团队，长期以来一直追求的目标是，在不暴露明细级数据的情况下，在多个数据提供者之间实现数据联合分析和建模。从 20 世纪 70 年代末开始，人们就研究利用计算机加密数据的方法，Rivest 等[3]和 Yao[4]的工作就是其中的代表。Agrawal、Srikant[5]及 Vaidya 等[6]研究隐私保护下的数据挖掘和机器学习，成为这个方向最早的研究者。这些工作利用中立的第三方中央服务器，在保护数据隐私的同时，利用本地数据进行特定方法的机器学习。事实上，即使联邦学习一词出现并引发相应算法和软件应用的兴起，任何一项算法和技术也不能解决数据联合需求中的全部挑战。"联邦学习"其实是在隐私保护约束下一系列特征数据面临的挑战问题的统称。这些关于数据特征的隐私保护约束下的一系列挑战问题，常常还在隐私敏感的分散式数据的应用机器学习问题中同时出现。

由此，联邦学习涉及的问题，本质上是跨学科的综合问题。这些困难的解决不仅涉及机器学习算法，还涉及分布式优化、密码学、数据安全和差分隐私、数据伦理、信息论和压缩感知、统计学等方面的理论与技术。棘手的问题常常都集中在这些领域的交汇处，需要多学科、多方向的合作，这对数据联合应用、持续挖掘数据价值至关重要。关于联邦学习的研究和应用实践突破，常常是将来自这些学科领域方向的技术进行创新组合。这带来了问题解决的全新思路和视角，既提供了可能性，也带来了新的挑战。

下面简要介绍可用于联邦学习的不同隐私保护技术路线的情况和适用场景，并介绍间接泄露数据的风险，以及解决方法和潜在挑战。

● 安全多方计算（Secure Multi-party Computation，SMPC）。SMPC 技术包含多个数据提供方和计算参与方，在有明确定义的安全意义下，可提供技术安全的证明，并可以证明能够保证完全零知识。也就是说，每个参与方只知道其自身的输入和输出，对其他信息完全无法知道。这种零知识属性对数据安全确实是非常重要的，但是这种属性的实现，通常需要使用非常复杂的计算协议，事实上在工程实践中很可能无法真正有效实现。在某些特别的情况下，如果能够提供额外的安全保证机制，可以接受部分知识公开，就可以在较低的安全性要求下用 SMPC 技术建立相应安全级别的模型，以此来获得实际可用的效率[7]。Mohassel 和 Zhang 在 SMPC 技术相应框架下基于半诚实假设联合两个参与方训练了机器学习模型[8]。Kilbertus 使用 SMPC 技术进行模型训练和验证，而无须提供明细级的敏感数据。Sharemind（Bogdanov 等[9]）被认为是目前最先进的 SMPC 技术框架之一。Mohassel 和 Rindal 提出了一个基于诚实多数的三参与方模型[10~13]，并分别考查了在只有半诚实假设和存在恶意参与方情况下的安全性。在这些工作中，参与方的数据及相应的计算需要在非冲突服务器之间进行秘密共享操作。

● 差分隐私（Differential Privacy，DP）。联邦学习中另一种常用的技术路线是使用差分隐私[14]或 K-匿名[15]技术来实现数据隐私保护[16,17]。差分隐私、K-匿名及组合多样化的方法[5]会在数据上添加噪声，或者使用归纳方法掩盖数据的某些敏感属性，直到第三方无法区分单条数据的影响为止，从而使数据无法恢复，实现用户隐私保护。当然，从实际操作层面来看，这些方法本质上仍然需要将数据传输到其他参与方，并且这些工作通常还需要在准确性和隐私之间进行平衡。在 Geyer 等[18]的工作中，作者介绍了一种针对联邦学习的差分隐私方法，通过在训练期间隐藏客户的贡献达到为客户端数据提供隐私保护的目的。

- 同态加密（Homomorphic Encryption，HE）。在联邦学习意义下的机器学习过程中，还有一种技术路线是在参数交换的过程中，采用同态加密[3]作为加密机制来保护用户数据隐私[19~21]。这种方式与差分隐私的数据保护机制有着本质的不同，可以看到数据本身不会被传输，在密码学意义下也不会被对方的数据猜中。在最近的工作中，同态加密被用来集中训练分布式存储的数据[22,23]。当然，这类技术会增加额外的计算开销，加密后数据的通信开销也远超原始明文通信的方式。在实践中，加法同态加密被广泛用于降低计算开销，对机器学习算法中出现的非线性函数，需要进行多项式逼近来近似计算，所以这项技术需要在准确性、保密性之间进行平衡和选择[24,25]。

间接信息泄露是数据融合和联邦学习发展过程中，引起人们极大关注的重要问题。在联邦学习发展的初期，常用的算法设计思路是使用随机梯度下降（SGD）[1]及其变种的优化算法来实现模型的参数更新。随着研究的不断发展，这种基于参数梯度计算传递的模式，被认为没有提供足够的安全保证。当这些梯度信息以一定的形式被提供给其他参与方时，这些梯度实际上在特定的方法下极有可能会泄露重要的数据信息[26]。在使用图像数据的联合训练场景中，研究人员考查了以下情况，参与方之一通过插入后门，利用他人的数据进行学习，就可以恶意攻击他人。Bagdasaryan 等证明了将隐藏的后门插入联邦全局模型中是可行的，并提出一种约束规模的新方法以减少数据被恶意攻击的风险[27]。Melis 等证明了在协作机器学习系统中也存在潜在漏洞，在协作机器学习中不同的参与方使用的训练数据容易受到攻击，存在被反推的可能[28]。他们的工作表明，对抗性参与方可以推断出参与方的身份及与训练数据子集相关的属性。他们还讨论了防御这些攻击的可能应对措施。Su 和 Xu 展示了一种基于不同参与方梯度交换的安全组织形式，设计了一种梯度下降方法的安全变种，并证明其能对抗参与方中有常数比例的随意作恶者的情况[29]。

区块链技术也已经被用于构建可信任的联邦学习工程实践的平台。Kim 等设计了一种基于区块链的联邦学习（Block FL）架构，通过区块链技术实现联邦学习模型训练中移动端本地模型更新量的交换和验证[30]。他们考查了最优区块生成、网络可扩展性和稳定性的问题，并提供了解决方案。另外，区块链作为一种凭证生成和记录技术，也为技术应用后的审计工作提供了工具，特别是在银行、证券、保险等监管要求严格的金融场景中，利用区块链技术提供联邦学习应用中需要的用于审计的凭证，已经出现在行业解决方案中。

关于隐私保护数据联合的研究已经有数十年的历史，但仅仅在过去的十年中，伴随着大数据的发展和人工智能应用的极大需求，真正落地的解决方案才得到大规模部署[31]。消费类数字产品现在已经开始使用跨设备的联邦学习和联邦数据分析技术。最早提出联邦学习概念的谷歌公司，在 Gboard 移动键盘[32~35]、Pixel 手机的应用和 Android Messages 中广泛使用了联邦学习相关技术。谷歌公司率先开发和应用跨设备联邦学习，但随着应用威力的展现，现在其他公司的应用也纷纷涌现：苹果公司在 iOS 13 中使用跨设备联邦学习，用于 QuickType 键盘和"Hey Siri"的人工智能助手；Doc.ai 公司正在开发用于医学应用场景的跨设备联邦学习解决方案，而 Snips 已经探索了用于热点词检测的跨设备联邦学习[36]。跨部门的应用程序已经被提出进而落地，包括小微信贷授信、再保险的财务风险预测、药物发现、电子健康档案信息挖掘、医疗数据分割[37]和智能制造。

随着联邦学习的应用需求不断增加，大批以科技公司为主力的机构，还开发、公布出了许多开源工具和框架，其中包括 TensorFlowFL、FATE、PySyft、Fedlearner、LEAF、PaddleFL 等[38]。在中国的数据应用市场上，大量从事传统数据信息服务和金融科技的公司也纷纷开发与提供以隐私保护为核心概念的安全的机器学习产品及服务。

1.2 金融数据价值挖掘的联邦学习实践

银行、证券、保险、信托等不同金融领域的企业，由于业务发展的需要，对与外部开展数据共享、流通、交易有着巨大而强烈的需求。数据只有通过共享、流通才能体现出自身巨大的价值，进而赋能金融行业，然而数据泄露事件不断发生，引起各界广泛关注。数据所有权的确定、数据所有权和数据使用权的分离，成了数据流通首先需要解决的严峻问题。

联邦学习为数据共享、流通、交易提供了一种可行的支撑技术和解决方案，包括联合学习、隐私计算技术在内的多种技术和概念，引起了金融行业和金融科技行业的广泛关注，被寄予厚望。

数字化转型是中国经济发展的重要动力和途径，金融行业是这轮数字化转型的重点领域。结合金融行业的应用，在数据联合查询、联合统计和联合建模等多种数据应用场景中，在风险管理控制、客户运营、产品推荐和营销等典型业务应用场景中，联邦学习技术都有强烈的应用需求和巨大的应用潜力。

2020年9月14日，中国人民银行副行长、国家外汇管理局局长潘功胜表示，我国金融行业实行的是分业经营、分业监管模式。金融控股公司是国际上的主要经济体广泛采用的一种模式，由金融子公司实行分业经营[39]。潘功胜指出，这种制度框架具有简单明晰、可识别的股权和组织架构，对金融行业的风险隔离有优势。随着经济的发展，特别是金融行业的发展，我国的金融改革不断深入。近年来，金融行业出现了一些新的情况：一方面，一些大型金融机构开展跨行业投资，形成金融集团；另一方面，部分非金融企业，通过股权投资等多种形式控股了多家不同业务领域的金融机构，事实上具有了金融控股公司的特征。这一变化已经引起了政府部门和监管机构的高度重视。加强对金融控股公司的治理和风险管控，符合现代金融监管的要求。

随着金融行业模式的不断创新，在国内已经出现的跨多个传统金融领域的大型金融控股集团中，常常包括银行、证券、保险、信托等多种金融企业。中信集团、中国光大集团等在金融行业之外，还涵盖了健康、旅游、环保等多个非传统金融行业。随着数据挖掘、人工智能等技术日趋成熟且应用广泛，各类数据的数量呈现几何级数增长，大数据已成为企业重要的基础性资源。对于一个集团的长期发展来说，数据不仅是基础性资源，还是可以深挖价值、给集团带来直接经济利益的资产。在大数据时代，数据的生产要素化将成为衡量企业价值的重要标准，企业在未来竞争格局中的地位在很大程度上由其决定。

数据具有的属性众多，常见的分类包括物理属性、存在属性和信息属性等。物理属性是指数据需占用物理的存储介质，可传输、可度量。存在属性是指数据以人类可感知的形式存在。信息属性是指数据本身所代表的含义。数据的价值在于能够通过分析和挖掘的过程来消除信息的不对称，从而获取信息，推动业务发展，实现盈利，而这些预期需求的实现都需要数据存在且能够带来正确、有效的信息，要保证数据的质量。数据治理是保证数据质量的必需手段，同时也是多机构集团型企业提升管理能力的重要任务。

然而，由于集团型企业广泛存在着业态多样、人员分散、管理流程和模式差异大的特点，集团型企业内部的数据治理工作面临巨大的困难和挑战。金融控股集团内各个子公司的主营业务相差巨大，行业细分的数据标准和规范各有特点、不尽相同，从而增加了不同企业间数据互联互通和共享创造价值的复杂度，数据多源异构现象和"信息孤岛"现象普遍存在。此外，成员企业的信息化、数字化水平和发展阶段各不相同。对于个别传统业务来说，企业的信息化水平较为薄弱，数据的采集和整理甚至还停留在手工录入传递阶段，导致了数据质量在各个源头就不能得到有效保障。因此，集团的数据治理需要按照相应的标准、规范、流程和方法等，确保数据统一管理和高效流动，让数据用起来，在使用的过程中挖掘出数据资产价值。拥有数据，并不意味着就拥有了数据资产。只有通过创新性的方法联合各方有效、准确的数据，在数据中挖掘到有效的信息，数据才能算资产。

通过参照国际数据管理协会（DAMA）、数据治理研究所（DGI）等权威机构构建的包括数据管理能力成熟度评估模型（DCMM）在内的权威方法论，结合金融控股集团自身多业态、多法人、信息化水平参差不齐等特点，可以构建具有金融控股集团特色的数据治理架构，如图1-2-1所示。

图 1-2-1　金融控股集团的数据治理架构（以中国光大集团为例）

在跨机构数据治理实践中，中国光大集团以组织架构、参与角色的权利与责任为基础组织保障，在数据合规和数据安全的前提下开展数据资产管理工作，通过制定数据标准提升数据质量，创造数据价值，逐步实现"看见—看清—看懂—决策"的经营管理目标，进而实现建设一个开放、共享、合规、智能的"数字光大"生态圈的战略愿景[39]。

为了打破"数据孤岛"的现实局面，同时最大限度地整合、复用各机构内外部的数据资源，推进数据价值创新、创造，建立跨机构的数据港平台是最佳的解决方式。特别是在多业务、多机构的金融控股集团内部，以中国光大集团的实践为例，统一的集团数据港平台在数据价值挖掘和为集团战略转型赋能的过程中应运而生。

数据港平台计划汇集集团内外分散的各类数据，建设数据资产全生命周期、数据标准与质量闭环、数据合规与安全管理等管理机制，最大限度地复用资源，加速前端业务创新。数据港平台是集团科技助力业务创新的基础，其核心能力包括基础能力、融合能力、可视化能力和智能化能力。

数据港平台用大数据技术构建基础平台，针对数据工作的流程特点，分别对接全面服务；通过数据采集平台与成员企业统一部署采集模式，进行数据存储与元数据管理；通过外部数据平台统一外部数据管理机制，对成员企业提供外部数据接口与服务；通过数据资产平台进行数据质量检核，整合指标数据的管理与加工，提供数据资产地图服务；通过数据模型实验室搭建自然语言处理、机器学习等基础环境，进行数据模型训练和数据挖掘工作。

在数据挖掘的过程中，跨机构的客户和产品的数据具有更大的可挖掘价值，但数据的敏感性也更强。随着大众对用户隐私保护的要求越来越高，各地的监管机构针对个人隐私数据的拥有权和安全性出台了强监管的法规。企业必须满足客户对数据隐私保护的要求，加强对数据安全和用户隐私的保护。基于数据合规和行业监管的要求，客户、产品数据的上收存在着法律规范上的困难，数据源之间的壁垒很难被打破。

大数据是人工智能的基础，研究表明模型的准确率与训练数据量成正比，在金融领域中对数据的强监管限制了数据的融合与使用。为了解决此类问题，联邦学习正好可以发挥自己的作用，在保护数据隐私的前提下实现数据分析和数据价值挖掘。联邦学习本身是一种在保护隐私的前提下，进行机器学习的方式。数据的拥有方完全可以在数据不出本地的情况下，联合训练，建立模型，各方根据自己本地的数据在模型训练中计算模型参数的更新量，然后将更新结果进行聚合，如此一直迭代到收敛停机。联邦学习既保证了每个终端的用户数据不出本地，各个终端又可以同时共享一个通用的模型。在实现模型训练的同时，联邦学习框架提供的一系列算法，可以实现在各方明细数据不出本地的情况下的样本对齐和相关统计量计算。例如，中国光大集团基于集团数据港的联邦学习平台，以客户为中心，以联邦学习为核心技术支撑实现了客户拉通、客户交叉营销和风控，从而实现了智能、高效的业务协同[39]。

第 2 章
联邦学习算法之建模准备

2.1 联邦学习的分类

联邦学习针对的是数据联合建模问题,从前述联邦学习的定义中也可以看到,在隐私保护下进行安全的数据联合是联邦学习要完成的最核心任务。在实际应用场景中,数据的分布有各自的特点,基于这些特点,可以将联邦学习分成不同的类别,进而根据不同类别的特点设计不同的解决方案。所以,首先以数据分类的特点为依据对联邦学习进行分类。

对于有多个数据拥有方的场景,每个数据拥有方各自持有数据集 D_i。将其表示成矩阵的形式,即矩阵的每一行表示一个样本(常见的是用户维度),每一列表示一个特征。在有监督学习场景中,某些数据集可能还包含标签数据。我们将特征表示为 X,将标签表示为 Y,并使用 I 表示样本。例如,在风控场景中,标签 Y 可能是用户的信用表现,如贷款是否出现大于 3 天的逾期;在营销字段中,标签 Y 可能是用户的购买情况,如在电话营销理财产品活动后客户是否购买相应的理财产品;在教育领域中,标签 Y 可能是教学的效果反馈,如教学后学生的成绩情况;在医疗场景中,标签 Y 可能是诊疗方案或者检查诊断有效性情况,如血糖控制方案的相应治疗情况等。样本 I、特征 X、标签 Y 构成了完整的训练数据集 (I, X, Y)。在现实的应用中,我们会遇到各种各样的情况,特征、标签及样本在各个数据集上不完全相同。这里参考 Yang 等[40]提出的分类方法，以包含两个数据拥有方的联邦学习为例，数据分布可以分为以下三种情况。

- 两个数据集的特征重叠部分较多，但样本重叠部分较少。
- 两个数据集的样本重叠部分较多，但特征重叠部分较少。
- 两个数据集的样本和特征重叠部分都比较少。

数据拥有方的特征和样本可能并不相同。我们根据特征和样本中各方之间的数据分配方式，将联邦学习分为横向联邦学习、纵向联邦学习和联邦迁移学习。图 2-1-1 显示了针对两方场景的各种联邦学习框架。

1. 横向联邦学习

在数据集的特征重叠部分较多但样本重叠部分较少的情况下，把数据集看成按横向进行划分，取出双方特征相同而样本不完全相同的那部分数据，进行横向联邦学习或基于样本联合的联邦学习。例如，两个不同的银行面对的用户由于受到地域等一系列因素影响，交集非常小。又如，2017 年谷歌提出了用于 Android 手机模型更新的横向联邦学习解决方案。在该场景中，使用 Android 手机的单个用户可以在本地更新模型参数，并将参数上传到 Android 云，从而与其他数据拥有方一起训练模型，共享模型训练成果。

2. 纵向联邦学习

在数据集的样本重叠部分较多但特征重叠部分较少的情况下，把数据集看成按纵向进行划分，取出双方样本相同而特征不完全相同的那部分数据，进行纵向联邦学习或基于特征联合的联邦学习。例如，有两个业务内容不同的机构，一个是银行，另一个是电子商务公司。它们的用户交集较大，但银行记录的是用户的财务信息与信贷表现，而电子商务公司则拥有用户的浏览信息和购买情况，因此特征交集较小。纵向联邦学习就是将不同的特征在保护用户隐私的状态下，进行联合学习以增强模型能力的联邦学习。目前以逻辑回归为代表的线性模型、树形结构模型和神经网络模型等机器学习模型，通过不同的技术路线，都已经有了纵向联邦学习场景下的实现方案。

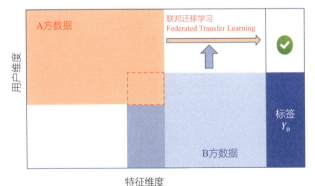

图 2-1-1　联邦学习按数据分布形式的三种分类

3. 联邦迁移学习

联邦迁移学习适用于两个数据集不仅在样本上而且在特征上都不太相同的情况。假设有两个机构，一个是位于中国的银行，另一个是位于美国的电子商务公司。由于地理位置的限制，两个机构的用户群体之间的交集很小。另外，由于业务不同，双方的特征只有一小部分重叠。在这种情况下，可以应用迁移学习技术为联邦之下的整个样本和特征提供解决方案。这实际上是在使用有限的公共样本集，学习两方数据集共有特征上的共同表示，然后将其应用于仅具有一方特征的样本上，进行标签预测。联邦迁移学习是现有联邦学习系统的重要扩展，因为它可以解决的问题超出了现有的联邦学习算法的范围。

2.2 样本对齐的实现方式

在纵向联邦学习中，参与建模的各方首先需要对齐样本，这也是联合建模的前提。由于各数据方用来对齐的字段几乎都是身份识别信息，所以如何避免个人信息的泄露，是实现隐私保护的关键。

实践中常见的方式有两类：基于哈希函数的普通对齐方式和基于非对称加密算法的隐私保护对齐方式。

2.2.1 基于哈希函数的普通对齐方式

在应用实践中，最常用的方式是基于哈希（Hash）函数的对齐方式。由于哈希函数本身具有单向性、不可逆性，因此用于对齐的身份识别信息经过哈希运算后是很难反向推出原始信息的。在实践中，双方首先按约定的方式，对身份识别信息进行哈希运算，然后将相应的结果发给对方，与己方结果进行对比，得到对齐结果。双方进行哈希运算后对齐的身份识别信息如图 2-2-1 所示。

id	sha1
139××××4228	89eac7792d8145df40d4ad17125f4368fbc54c8
139××××1900	b3edd29068805ee59bb0ef366e6e37f18c1459cd
139××××3985	eb3dc28ebb0553c2440956bd6790d0cdd9fc63cc
139××××0847	9f1170831b5a1582a9c49fb647322f896f62d51
139××××3397	cfb13c39b1046beb3d6fee563634524807d72e3
139××××0176	f25483df9bd40b402ce04a05233a6e8c30dd30c
139××××9274	82dbc71f2999a9f112cbd70fc1f8085c9067d034

id	sha1
139××××4228	89eac7792d8145df40d4ad17125f4368fbc54c8
139××××1900	b3edd29068805ee59bb0ef366e6e37f18c1459cd
139××××3985	eb3dc28ebb0553c2440956bd6790d0cdd9fc63cc
139××××0847	9f1170831b5a1582a9c49fb647322f896f62d51
139××××3397	cfb1f3c39b1046beb3d6fee563634524807d72e3
139××××0176	a996fcda383c6a2bb83abd8456bad67c93f48036
139××××9274	3478343190d906d60a293781b86a937ee385fa66

图 2-2-1 双方进行哈希运算后对齐的身份识别信息

因为对齐的双方事实上是知道对齐的身份识别信息内容形式和哈希函数的，所以一方在拿到对方的哈希运算结果后，可以使用查表等暴力破解方式，对未对齐样本的信息进行破解，从而得到不属于自己的对方的样本身份识别信息。

加盐是一种常用的密码保护机制。具体实现过程如下：每一个样本生成一个随机字符串，进行哈希运算后，拼接在身份识别信息字段的哈希运算结果前或者后，然后再对此结果进行哈希运算。加盐主要用在密码和证书的验证等有标识信息的场合，需要有标识信息配合，如用户名，以便查找"盐"的信息。在样本对齐场景中，这种保护机制并不适用。

一种可行的解决方式是增加共同信任的第三方。对齐双方按事先设定的方式，将序号和身份识别信息的哈希运算结果发给第三方。第三方不知道需要对齐的双方用来对齐的身份识别信息形式和使用的具体加密方式，只负责匹配结果并分别返回双方序号对应的结果。

2.2.2 基于非对称加密算法的隐私保护对齐方式

非对称加密算法是现在计算机通信安全的基石。加密和解密可以使用不同的规则，只要这两种规则之间存在某种对应关系即可，这样就避免了直接传递密钥。

这种加密算法被称为"非对称加密算法"。一般过程如下：

- 乙方生成两把密钥（公钥和私钥）。公钥是公开的，任何人都可以获得，私钥则是保密的。

- 甲方获取乙方的公钥，然后用它对信息加密。

- 乙方得到加密后的信息，用私钥解密。

如果公钥加密的信息只有私钥解得开，那么只要私钥不泄露，通信就是安全的。

Rivest、Shamir 和 Adleman 设计了 RSA 公钥加密算法，其可以实现非对称加密。RSA 公钥加密算法是使用得最广泛的"非对称加密算法"，其基本原理、安全性证明和加/解密过程的介绍请参看附录 1。通过非对称加密算法和哈希函数算法的组合，可以设计更加安全的样本对齐方法，从而避免采用普通对齐方式时被暴力破解。这里以 RSA 公钥加密算法和哈希函数算法的组合为例，介绍相应的样本对齐方法，如图 2-2-2 所示。

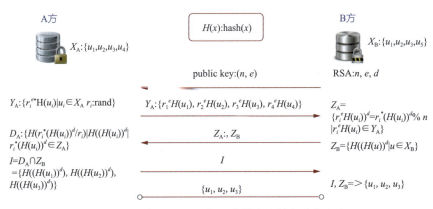

图 2-2-2　基于 RSA 公钥加密算法的样本对齐方法

> **算法**
>
> 1. B 方首先用 RSA 公钥加密算法中的密钥生成方法生成公钥 (n,e) 和私钥 d，将公钥发送给 A 方。
>
> 2. A 方用公钥和随机数 r_i 对己方数据 u_i 进行哈希运算，得到结果 $H(u_i)$，然后利用 RSA 公钥加密算法对 $H(u_i)$ 进行加密得到结果 Y_A，将 Y_A 交给 B 方。
>
> 3. B 方将此结果用私钥解密，并将结果 Z_A（此结果有随机数 r_i 和哈希函数保护）返回给 A 方。同时，B 方对己方数据进行哈希运算，并将哈希运算结果用私钥按解密方式操作后的结果 Z_B（此结果有私钥和哈希函数保护）也返回给 A 方。
>
> 4. A 方用随机数 r_i 的逆元解密 B 方返回的 Z_A 得到 D_A，利用 D_A 与 Z_B 直接匹配得到交集 I，返回 I 给 B 方。
>
> 5. B 方根据 I 和 Z_B 得到交集。

本算法的有效性和隐私保护的安全性都基于 RSA 公钥加密算法的原理。在 RSA 公钥加密算法安全性的基础上，可以严格保证结果的隐私安全。A 和 B 双方都只知道自己和对方相同样本的信息，对对方独有的样本，没有有效的手段可以得到原始字段信息。在本算法中，关键步骤是 A 方在进行哈希运算后对本方结果用仅有自己知道的随机数保护，B 方对本方已进行哈希运算的信息利用密钥加密后，再进行哈希运算，从而利用密钥和哈希运算保护本方信息不能被暴力破解。

2.3 特征工程的联邦学习实现方式

2.3.1 特征工程简介

特征工程是使用数据科学领域的相关技术和知识从原始数据中构建特征的过程。通过获得质量更好的特征用于模型训练，模型的性能能够得到提高，即便在简单的模型结构上也能表现良好。同时，它作为机器学习中不能缺少的一个过程，具有十分重要的作用，主要包括特征提取、特征构造和特征选择3个部分。特征提取这一步会用到一系列算法，算法会从初始数据中自动抽取并生成新特征集。常用的方法包括主成分分析、独立成分分析和线性判别分析等。特征构造是通过人工的方式基于原始数据创建新特征。特征选择就是基于一些评价指标来进行特征的筛选。例如，在利用逻辑回归（LR）、决策树（DT）等机器学习方法训练模型时，在通常情况下不会用全部特征去训练模型，而是会对特征进行筛选后再拟合模型。那么该如何进行特征的筛选？可以从以下几个因素来考虑：特征的预测能力、特征之间的相关性、特征的可计算性、特征的可解释性等。在上述因素中最重要的考量因素是特征的预测能力。信息值（Information Value，IV）是用来量化特征预测能力的最常见和重要的指标。

IV 表征的特征预测能力与值的大小成正比，IV 越大意味着该特征的预测能力越强。除此之外，信息增益（IG）和基尼（Gini）系数也常用来表征特征的预测能力。在应用实践中，IV 的评价标准见表 2-3-1。

表 2-3-1 IV 的评价标准[41]

IV	评价
小于 0.02	几乎没有
[0.02，0.1)	弱
[0.1，0.3)	中等
[0.3，0.5)	强
大于等于 0.5	极强，需检查

在计算 IV 之前，首先介绍证据权重（Weight of Evidence，WOE）的概念和计算方式。IV 的计算需要用到 WOE。WOE 是一种特征编码方法，不过在做 WOE 编码之前，需要对特征做分箱。在做完分箱后，对于第 i 个分箱，WOE_i 为

$$\text{WOE}_i = \ln \frac{P_{\text{bad}_i}}{P_{\text{good}_i}} = \ln \frac{\text{bad}_i / \text{bad}_T}{\text{good}_i / \text{good}_T} = \ln \frac{\text{bad}_i / \text{good}_i}{\text{bad}_T / \text{good}_T} \quad (2\text{-}3\text{-}1)$$

式中，P_{bad_i} 为该分箱中的坏样本（目标特征取值为 1 的样本）占所有坏样本的比例；P_{good_i} 为该分箱中的好样本（目标特征取值为 0 的样本）占所有好样本的比例；bad_i 为该分箱中坏样本的数量；bad_T 为总样本中坏样本的数量。同理，good_i 为该分箱中好样本的数量；good_T 为总样本中好样本的数量。在通过简单变换后可以看出，WOE 表征了该分箱中好坏样本的比值（odds）与总样本中该比值的区别。WOE 越远离 0，该区别越大。WOE 越大，分箱内坏样本的比例就越大，反之则同理。

对于第 i 个分箱，相应的 IV_i 计算公式为

$$\text{IV}_i = \left(P_{\text{bad}_i} - P_{\text{good}_i}\right) \times \text{WOE}_i = \left(P_{\text{bad}_i} - P_{\text{good}_i}\right) \times \ln \frac{P_{\text{bad}_i}}{P_{\text{good}_i}} \quad (2\text{-}3\text{-}2)$$

可以看到，IV 在 WOE 的基础上保证了结果的非负性。同时，根据特征在各分箱上的 IV_i，得到整个特征的 IV 为

$$\mathrm{IV} = \sum_i^n \mathrm{IV}_i \tag{2-3-3}$$

举一个包含 1100 个样本的例子，计算模型中年龄特征的 IV，表 2-3-2 中显示了具体结果。因为年龄是连续整数型特征，取值多，所以需要对其做离散化处理。这里将其分为 5 组，用 good_i 和 bad_i 分别表示每组中好样本、坏样本的数量分布。可以看到，在小于 18 岁的年龄分组中，坏样本的数量与好样本的数量的比值大于总样本中坏样本数量与好样本数量的比值，此时的 WOE_i 为正；18 岁到 25 岁组中坏样本数量与好样本数量的比值等于总样本中坏样本数量与好样本数量的比值，此时的 WOE_i 为 0；其余三组中坏样本数量与好样本数量的比值均小于总样本中坏样本数量与好样本数量的比值，对应的 WOE_i 为负。当 WOE_i 为正时，特征的当前值在判别个体为坏样本时有正向作用，而当其为负时，则起负向作用。同时，WOE_i 的绝对值越大，作用的影响越大。而 IV 的计算基于 WOE，可以看出是对 WOE 的加权求和，IV 越大，对判别个体是属于好样本还是坏样本的贡献就越大。

表 2-3-2　IV 计算结果

年龄（岁）	bad_i	good_i	P_{bad_i}	P_{good_i}	WOE_i	IV_i
<18	50	200	50%	20%	0.92	0.28
[18,25)	20	200	20%	20%	0	0
[25,30)	15	200	15%	20%	−0.29	0.01
[30,40)	10	200	10%	20%	−0.69	0.07
≥40	5	200	5%	20%	−1.39	0.21
汇总	100	1000	100%	100%	—	0.57

图 2-3-1 为对应的 WOE 曲线。我们在利用机器学习模型进行建模时，一般会选择 WOE 编码呈单调的特征，这样可以提高后续模型的可解释性和预测效果。如果出现一些其他曲线形状，那么可能需要重新调整特征分箱或者更换特征。同时，在实际操作中，可能还要在不同的数据集上对分箱的单调性做检查。如果特

征的 WOE 编码仅在训练集上单调，在验证集和测试集上不一致，那么反映出分箱设置得不够合理，需要重新调整。

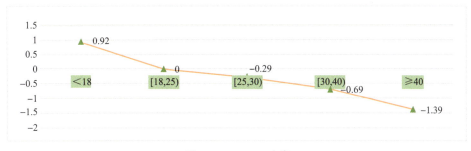

图 2-3-1　WOE 曲线

2.3.2　联邦特征工程

在非联邦机制下，特征 X 和目标标签 Y 都是存放在一处的，可以直接计算出 IV 和 Pearson 相关系数。而在联邦机制下，由于数据分布在不同的参与方且不同的参与方之间无法进行直接的数据交换，完成特征工程就需要在基于隐私保护的前提下对数据进行交换和计算。以联邦 WOE 和 IV 的计算为例，假设 A 方只有特征 x，B 方具有 x 和目标标签 y，且 $y \in \{0,1\}$。

首先，A 方和 B 方需要进行基于隐私保护的样本 id 对齐，通常采用 RSA 公钥加密算法和哈希机制进行隐私保护。然后，在 A 方和 B 方都获得共有样本 id 后，就可以开始进行联邦 WOE 和 IV 的计算，通常采用的是 Paillier 半同态加密算法，附录 2 中有关于该算法的详细介绍，利用 Paillier 半同态加密算法就可以实现联邦 WOE 和 IV 的计算，计算过程如图 2-3-2 所示。

在图 2-3-2 中，B 方对 y 和 $1-y$ 做同态加密，接着将加密结果传给 A 方。A 方将本地的特征分组，并在组中做密文求和，得到结果后将其传给 B 方。B 方将接收到的结果解密，算出 A 方每个特征的 WOE 和 IV。在整个过程中，A 方对特征进行编码化，因此 A 方特征 x_i 的取值是自己独立掌握的，没有透露给 B 方。B

方由于提供了目标标签 y，进而独立掌握相关统计量的计算结果。同时，需要注意的一点是，B 方对二分类的目标标签进行加密，需要有保护隐私性的机制，以免 A 方根据样本分类的不平衡性猜测出密文对应的明文标签。这里采用的 Paillier 半同态加密，在加密的过程中引入了随机数机制，可以保证即使对同一个数据，每次的加密结果也是不一致的。

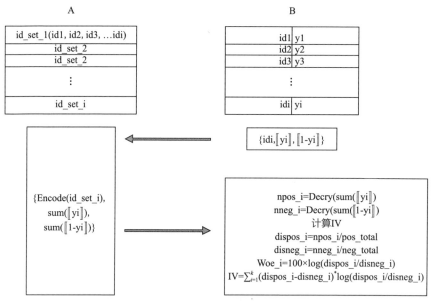

图 2-3-2　基于 Paillier 半同态加密算法的联邦 WOE 和 IV 计算过程

本节以 WOE 和 IV 的计算过程为例分别介绍了非联邦环境和联邦环境下特征工程的实现方式。在 IV 的辅助下，后续特征选择过程可以顺利进行。

第3章
联邦学习算法之模型实现

3.1 线性模型的联邦学习实现方式

在介绍联邦学习实现方式之前,快速回顾一下线性模型。假设示例样本 x 包含 d 个特征,即 $x=(x_1,x_2,\cdots,x_d)$, x_i 表示第 i 个特征上 x 的值。线性模型就是利用不同特征的线性组合来得到一个预测函数,即

$$f(x) = w_1 x_1 + w_2 x_2 + \cdots + w_d x_d + b \qquad (3\text{-}1\text{-}1)$$

一般用向量形式写成

$$f(x) = w^{\mathrm{T}} x + b \qquad (3\text{-}1\text{-}2)$$

式中,$w=(w_1,w_2,\cdots,w_d)$。在确定了权重 w 和 b 后,就能够得到模型。此外,w 与特征的重要性有关,在特征标准化后可直接表征特征的重要性。所以,线性模型的可解释性比较好,在应用中受到广泛欢迎。下面再具体介绍几种经典的线性模型。

给定数据集 $D=\{(x_1,y_1),(x_2,y_2),\cdots,(x_m,y_m)\}$。式中,$x_i=(x_{i1},x_{i2},\cdots,x_{id})$,$y_i \in \mathbf{R}$。"线性回归"希望学习出一个线性模型来拟合真实输出值,当特征 $d=1$ 时,就是"一元线性回归"。更一般的情形是 d 大于1,此时我们试图学得

$$f(x_i) = w^{\mathrm{T}} x_i + b, f(x_i) \simeq y_i \qquad (3\text{-}1\text{-}3)$$

这被称为"多元线性回归"。式中，w 和 b 的值一般利用最小二乘法进行估计，具体计算过程可以参考文献[41]。记 $\hat{x}_i = (x_{i1}, x_{i2}, \cdots x_{id}, 1)$，$y = (y_1, y_2, \cdots, y_m)^T$，令 X 为 $\hat{x}_i$ 按纵向排列组成的矩阵。当 X^TX 矩阵满足满秩或正定时，最终得到的多元线性回归模型为

$$f(\hat{x}_i) = \hat{x}_i^T (X^TX)^{-1} X^T y \tag{3-1-4}$$

当 X 的列数比行数多，X^TX 不是满秩矩阵时，最小二乘意义下的解不唯一。此时需要修改求解的问题来保证解的唯一性。最常见的解决方法是根据对解应满足性质的先验知识加入正则化项。

刚刚介绍了如何用线性模型来做回归分析，而在分类问题中，只需将实际值 y 和线性模型的预测值 z 联系起来。具体到二分类问题，它的实际值 $y \in \{0, 1\}$，而模型的预测值 $z = w^Tx + b$ 是实数值，所以这里的实数值 z 需要变换成 0 或 1。而对数概率函数 $y = (1 + e^{-z})^{-1}$ 就是这样一种能够将 z 值变换成 0 和 1 之间的 y 值的函数。将 $z = w^Tx + b$ 代入对数概率函数，得到

$$y = \frac{1}{1 + e^{-(w^Tx + b)}} \tag{3-1-5}$$

可变化为

$$\ln \frac{y}{1-y} = w^Tx + b \tag{3-1-6}$$

这样得到了"逻辑回归"模型。利用极大似然估计的思想，通过极大化似然比，就可以得到逻辑回归模型中的参数估计。

不过当 y 表示事件发生次数时，这类计数变量一般只能取不连续的非负整数，无法作为一般线性模型的因变量。所以，在针对计数变量时，往往使用泊松回归模型。通常先假定发生次数 y 满足泊松分布，接着再学习得到一个泊松回归模型。假设事件发生次数 Y 是一个只取非负整数的随机变量，引入一个参数 λ，令 $Y = y$ 的概率为

$$P(Y = y \mid \lambda) = \frac{\lambda^y \mathrm{e}^{-\lambda}}{y!} \qquad (3\text{-}1\text{-}7)$$

式中，$y=\{0，1，2\}$，Y的分布就是泊松分布。参数λ大于0，其既等于该分布的均值，又等于该分布的方差。在线性模型中，假设$\lambda = \exp(\sum_i \beta_i x_i)$，通过极大似然估计建立的模型就是泊松回归模型，其中β_i是特征x_i对应的回归系数。

在介绍完上述线性模型之后，我们将介绍如何在不泄露各参与方数据的前提下，基于分布式数据训练联邦线性模型。首先，依据数据在不同参与方的分布形式，联邦学习分为横向联邦学习和纵向联邦学习两种典型场景。由于在实际业务中，企业更需要在横向联邦学习或纵向联邦学习的环境下实现联合建模，所以下面就以这几种线性模型为例分别介绍在横向联邦学习和纵向联邦学习环境下联合建模的实现方式。

3.1.1　横向联邦学习中的线性模型

在横向联邦学习系统中，各参与方拥有的数据结构是一致的，然后它们借助网络进行参数传输，合作训练出一个机器学习模型。这里有一个假设是这些参与方都不会允许向服务器泄露原始数据[42]。整个系统的训练过程如下。

（1）参与方各自用本地数据计算模型参数对模型损失函数的梯度贡献，选择加密技术对更新的梯度进行加密，然后将加密的结果发送给服务器。

（2）服务器对接收到的结果进行安全聚合。

（3）服务器将聚合后的结果发送给参与方。

（4）参与方对梯度进行解密，并更新自己本地的模型。

（5）服务器判断损失函数是否收敛，检测是否满足停机条件。

实践证明，如果使用安全多方计算[43]或同态加密[42]聚合梯度，那么以上过程能够抵抗半诚实服务器引起的数据泄露。在实现过程中,加密是重要的过程,不过它可能会遭到恶意参与方在合作学习联邦模型时训练生成对抗网络[44](Generative Adversarial Network,GAN)的攻击。

横向联邦逻辑回归: 由于一开始 A 方和 B 方都具有相同的模型结构,所以这里仅以逻辑回归为例来阐述上述训练过程,其他线性模型的训练步骤同理。横向联邦学习适用于数据在特征层面重合多、在用户层面重合少的情况。

假设客户机 A 和主机 B 具有完全相同的特征,但所属样本不同,横向联邦逻辑回归模型的训练过程如图 3-1-1 所示。最初客户机 A 和主机 B 都具有相同的模型结构,当开始每一轮训练时,客户机 A 和主机 B 都会用各自的本地数据训练模型,分别将加密后的梯度上传给可信的第三方 C,第三方 C 将这些梯度聚合,再将聚合的梯度分别发送给客户机 A 和主机 B,用于它们更新各自的模型,直到联邦模型收敛达到停机条件。更详细的过程可参考文献[43]。

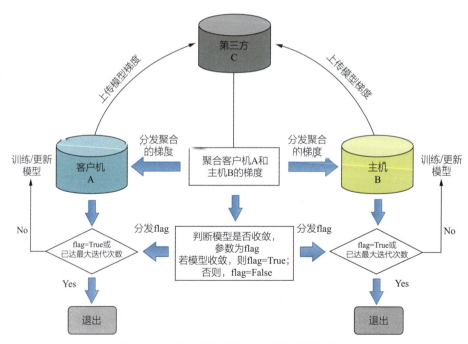

图 3-1-1　横向联邦逻辑回归模型的训练过程

3.1.2 纵向联邦学习中的线性模型

在纵向联邦学习系统中，具有不同数据结构的参与方 A 和 B 想要合作训练一个模型。其中，只有 B 方有标签。由于隐私保护的需求和解决方法的需要，A 方和 B 方不会直接传输数据，而是为了保证传输中数据的安全性加入了第三方 C。这里，我们假设 C 方是诚实的且不会与 A 方或 B 方串通，为了保证 C 方合理且可信，可以让官方机构承担，或者用安全计算节点来替代。整个系统通常分为以下两个部分。

（1）实体对齐。由于两个参与方的样本不一致，联邦系统会使用基于加密的样本 id 对齐技术在不暴露参与方各自数据的前提下确定公共的样本。在这个过程中，不会泄露不重合的样本。

（2）模型训练。在公共的样本确定后，基于这些样本训练模型。训练步骤如下。

① 第三方 C 生成密钥对，把公钥分别发送给 A 方和 B 方。

② A 方和 B 方对中间值进行加密传输，完成梯度和损失的更新计算。

③ A 方和 B 方更新各自加密的梯度，B 方还要完成加密损失的计算。然后，A 方和 B 方将加密的值发送给 C 方。

④ C 方对接收的值解密，并将解密后的损失和梯度返还给 A 方和 B 方。A 方和 B 方对模型参数进行更新。

下面分别以逻辑回归、线性回归和泊松回归为例，对上述过程进行阐述。

纵向联邦逻辑回归：文献[45]提出了一种基于隐私保护和信息安全的纵向联邦逻辑回归模型，通过对损失和梯度公式运用泰勒展开使 Paillier 半同态加密算法能适用于隐私保护计算。该算法支持加法运算和标量乘法运算，即对于任意明文 u 和 v，有

$$[\![u]\!]+[\![v]\!]=[\![u+v]\!] \qquad (3\text{-}1\text{-}8)$$

还有标量乘法公式，n 表示密文 $[\![u]\!]$ 的个数，即

$$n[\![u]\!]=[\![nu]\!] \qquad (3\text{-}1\text{-}9)$$

所以，需要对逻辑回归和随机梯度下降公式做一些调整。首先，假设数据不是分布式存储的，而是都存放在一处的。基于样本 $\boldsymbol{x}\in\mathbf{R}^d$ 和对应的标签 $y\in\{-1,1\}$，可以学习到逻辑回归模型 $\boldsymbol{\theta}\in\mathbf{R}^d$。基于 n 个 $(\boldsymbol{x}_i,y_i),i=1,2,\cdots,n$ 组成的训练集 S，平均损失函数为

$$l_S(\boldsymbol{\theta})=\frac{1}{n}\sum_{i\in S}\ln\left(1+\mathrm{e}^{-y_i\boldsymbol{\theta}^\mathrm{T}\boldsymbol{x}_i}\right) \qquad (3\text{-}1\text{-}10)$$

反之，基于训练样本的样本数量为 s' 的子集 $S'\subseteq S$ 计算的随机梯度为

$$\nabla l_{S'}(\boldsymbol{\theta})=\frac{1}{s'}\sum_{i\in S'}\left(\frac{1}{1+\mathrm{e}^{-y_i\boldsymbol{\theta}^\mathrm{T}\boldsymbol{x}}}-1\right)y_i\boldsymbol{x}_i \qquad (3\text{-}1\text{-}11)$$

虽然模型学习只需要梯度，而不需要损失，但是这里采用简单交叉验证，在大小为 h 的验证集 H 上监测损失函数 l_H 以便提前终止训练，防止模型过拟合。

在加法同态加密算法下，我们需要考虑如何计算逻辑回归中的损失和梯度的近似值。为了实现这一点，我们在 $z=0$ 的周围进行 $\ln(1+\mathrm{e}^{-z})$ 的泰勒级数展开，即

$$\ln\left(1+\mathrm{e}^{-z}\right)=\ln 2-\frac{1}{2}z+\frac{1}{8}z^2-\frac{1}{192}z^4+O(z^6) \qquad (3\text{-}1\text{-}12)$$

在验证集 H 上评估的损失函数 l_H 的二阶近似为

$$l_H(\boldsymbol{\theta})\approx\frac{1}{h}\sum_{i\in H}\ln 2-\frac{1}{2}y_i\boldsymbol{\theta}^\mathrm{T}\boldsymbol{x}_i+\frac{1}{8}\left(\boldsymbol{\theta}^\mathrm{T}\boldsymbol{x}_i\right)^2 \qquad (3\text{-}1\text{-}13)$$

上式中对于任意的 i，有 $y_i^2=1$。为了区分，数据集 S' 上的梯度为

$$\nabla l_{S'}(\boldsymbol{\theta}) \approx \frac{1}{s'}\sum_{i\in S'}\left(\frac{1}{4}\boldsymbol{\theta}^\mathrm{T}\boldsymbol{x}_i - \frac{1}{2}y_i\right)\boldsymbol{x}_i \qquad (3\text{-}1\text{-}14)$$

接下来，为损失和梯度添加加密的掩码$[\![m_i]\!]$，则数据集S'上的加密梯度为

$$[\![\nabla l_{S'}(\boldsymbol{\theta})]\!] \approx \frac{1}{s'}\sum_{i\in S'}[\![m_i]\!]\left(\frac{1}{4}\boldsymbol{\theta}^\mathrm{T}\boldsymbol{x}_i - \frac{1}{2}y_i\right)\boldsymbol{x}_i \qquad (3\text{-}1\text{-}15)$$

验证集H上的加密损失为

$$[\![l_H(\boldsymbol{\theta})]\!] \approx [\![v]\!] - \frac{1}{2}\boldsymbol{\theta}^\mathrm{T}[\![\boldsymbol{\mu}]\!] + \frac{1}{8h}[\![m_i]\!]\left(\boldsymbol{\theta}^\mathrm{T}\boldsymbol{x}_i\right)^2 \qquad (3\text{-}1\text{-}16)$$

式中，$[\![v]\!] = ((\ln 2)/h)\sum_{i\in H}[\![m_i]\!]$，$[\![\boldsymbol{\mu}]\!] = (1/h)\sum_{i\in H}[\![m_i]\!]y_i\boldsymbol{x}_i$。常数项$[\![v]\!]$与最小化无关，之后将其设置为0。

下面介绍如何用随机梯度下降训练纵向联邦逻辑回归模型。假设第一阶段的实体对齐已经完成，也就是参与方A和B具有相同的n行数据。用矩阵$\boldsymbol{X}\in\boldsymbol{R}^{n\times d}$表示完整的数据集，这个矩阵的数据是由参与方A和B的数据并列而成的，而不是真实地存储于同一处，即

$$\boldsymbol{X} = [\boldsymbol{X}_\mathrm{A} \mid \boldsymbol{X}_\mathrm{B}] \qquad (3\text{-}1\text{-}17)$$

只有参与方A具有标签y，$\boldsymbol{\theta}^\mathrm{T}\boldsymbol{x}$可以分解为

$$\boldsymbol{\theta}^\mathrm{T}\boldsymbol{x} = \boldsymbol{\theta}_\mathrm{A}^\mathrm{T}\boldsymbol{x}_\mathrm{A} + \boldsymbol{\theta}_\mathrm{B}^\mathrm{T}\boldsymbol{x}_\mathrm{B} \qquad (3\text{-}1\text{-}18)$$

算法1是安全逻辑回归的计算流程，由第三方C执行。首先，C方创建一组密钥对，将公钥分享给A方和B方。然后，C方将加密的掩码$[\![m]\!]$发送给A方和B方，这里的训练过程允许在C方忽略划分验证集和小批量采样的情况下完成。算法2对损失进行了初始化，并缓存了$[\![\boldsymbol{\mu}_H]\!]$用于计算之后的逻辑损失。此外，任何随机梯度算法都可以用于优化，如果选择随机平均梯度[46]（Stochastic Average Gradient，SAG）进行实验，那么C方会保留之前的梯度。算法3用于监视验证集上H的损失以便提前停止训练。在任何加法同态加密方案下，损失的计算成本

都很高。算法 4 是梯度的安全计算过程，在算法 1 的每轮计算中都需调用它。可以看到，在整个过程中，唯一清楚发送的、A 方和 B 方可以共享的信息只有模型 θ 和每批数据 S'。其他所有信息都是加密的，C 方只接收到 $\nabla l_{s'}(\theta)$。更详细的过程可参考文献[46]。

算法 1： 安全逻辑回归（C 方执行）

输入：掩码 m，学习率 η，正则化 Γ，验证集大小 h，每批数据 S'

输出：模型 θ

生成加法同态加密密钥对

发送公钥给 A 方和 B 方

用公钥对 m 加密，发送 $[\![m]\!]$ 给 A 方和 B 方

执行算法 2（h）

$\theta \leftarrow \mathbf{0}, l_H \leftarrow \infty$

重复：

 对每批数据 S' 执行

  $\nabla l_{s'}(\theta) \leftarrow$ 算法 $4(\theta, t)$

  $\theta \leftarrow \theta - \eta(\nabla l_{s'}(\theta) + \Gamma\theta)$；

 $l_H(\theta) \leftarrow$ 算法 $3(\theta)$

 如果 $l_H(\theta)$ 在一段时间内没有下降，那么跳出循环

直到最大迭代次数

返回 θ

算法 2： 损失初始化

输入：验证集大小 h

输出：缓存验证集 H 的 $[\![\boldsymbol{\mu}]\!]$

C 方：发送 h 给 A 方

A 方：对训练集采样得 $H \subset \{1, 2, \cdots, n\}, |H| = h$

$$[\![\boldsymbol{m} \circ \boldsymbol{y}]\!]_H \leftarrow [\![\boldsymbol{m}]\!]_H \circ \boldsymbol{y}_H$$

$$[\![\boldsymbol{u}]\!] \leftarrow \frac{1}{h}[\![\boldsymbol{m} \circ \boldsymbol{y}]\!]_H^{\mathrm{T}} \boldsymbol{X}_{\mathrm{A}H}$$

发送 $H, [\![\boldsymbol{u}]\!], [\![\boldsymbol{m} \circ \boldsymbol{y}]\!]_H$ 给 B 方

B 方：$[\![\boldsymbol{v}]\!] \leftarrow \frac{1}{h}[\![\boldsymbol{m} \circ \boldsymbol{y}]\!]_H^{\mathrm{T}} \boldsymbol{X}_{\mathrm{B}H}$

聚合 $[\![\boldsymbol{u}]\!]$ 和 $[\![\boldsymbol{v}]\!]$ 得到 $[\![\boldsymbol{\mu}_H]\!]$

算法 3： 安全计算 H 上的逻辑损失

输入：模型 $\boldsymbol{\theta}$，算法 2 缓存的 $[\![\boldsymbol{\mu}_H]\!]$ 和 H

输出：H 上的损失 $l_H(\boldsymbol{\theta})$

C 方：发送 $\boldsymbol{\theta}$ 给 A 方

A 方：$\boldsymbol{u} \leftarrow \boldsymbol{X}_{\mathrm{A}H}\boldsymbol{\theta}_{\mathrm{A}}$

$$[\![\boldsymbol{m}_H \circ \boldsymbol{u}]\!] \leftarrow [\![\boldsymbol{m}]\!]_H \circ \boldsymbol{u}$$

$$[\![\boldsymbol{u}']\!] \leftarrow \frac{1}{8h}(\boldsymbol{u} \circ \boldsymbol{u})^{\mathrm{T}}[\![\boldsymbol{m}]\!]$$

发送 θ，$[\![m_H \circ u]\!]$，$[\![u']\!]$ 给 B 方

B 方：$v = X_{BH}\theta_B$

$$[\![v']\!] \leftarrow \frac{1}{8h}(v \circ v)^T [\![m]\!]_H$$

$$[\![w]\!] \leftarrow [\![u']\!] + [\![v']\!] + \frac{1}{4h}v^T[\![m_H \circ u]\!]$$

$$[\![l_H(\theta)]\!] \leftarrow [\![w]\!] - \frac{1}{4h}\theta^T[\![\mu_H]\!]$$

发送 $[\![l_H(\theta)]\!]$ 给 C 方

C 方：用私钥解密得 $[\![l_H(\theta)]\!]$

算法 4：梯度的安全计算

输入：模型 θ，样本数量 s'

输出：每批数据 S' 的 $\nabla l_{s'}(\theta)$

C 方：发送 θ 给 A 方

A 方：选择下一批数据集 $S' \subset S, |S'| = s'$

$$u = \frac{1}{4}X_{AS'}\theta_A$$

$$[\![u']\!] = [\![m]\!]_{S'} \circ (u - \frac{1}{2}yS')$$

发送 $\theta, S', [\![u']\!]$ 给 B 方

> B 方：$v = \frac{1}{4} X_{BS'} \boldsymbol{\theta}_B$
>
> $[\![w]\!] = [\![u']\!] + [\![m]\!] \circ v$
>
> $[\![z]\!] = X_{BS'}[\![w]\!]$
>
> 发送 $[\![w]\!]$ 和 $[\![z]\!]$ 给 A 方
>
> A 方：$[\![z']\!] = X_{AS'}[\![w]\!]$
>
> 发送 $[\![z']\!]$ 和 $[\![z]\!]$ 给 C 方
>
> C 方：聚合 $[\![z']\!]$ 和 $[\![z]\!]$ 得到 $[\![\nabla l_{s'}(\boldsymbol{\theta})]\!]$
>
> 用私钥解密得到 $\nabla l_{s'}(\boldsymbol{\theta})$

纵向联邦线性回归：线性回归是统计学习中最基础的方法。

一般来说，基于梯度下降的方法来训练线性回归模型。现在需要对模型训练中涉及的损失和梯度进行安全计算。其中，学习率为 η，λ 为正则化参数，$\{x_i^A\}_{i \in D_A}, \{x_i^B, y_i\}_{i \in D_B}$ 为数据集，模型参数 Θ_A, Θ_B 分别对应了特征 x_i^A 和 x_i^B，则模型的训练目标表示为

$$\min_{\Theta_A, \Theta_B} \sum_i \left\| \Theta_A x_i^A + \Theta_B x_i^B - y_i \right\|^2 + \frac{\lambda}{2} \left(\left\| \Theta_A \right\|^2 + \left\| \Theta_B \right\|^2 \right) \quad (3\text{-}1\text{-}19)$$

让 $u_i^A = \Theta_A x_i^A$，$u_i^B = \Theta_B x_i^B$，则加密的损失为

$$[\![\mathcal{L}]\!] = \left[\!\left[\sum_i \left((u_i^A + u_i^B - y_i) \right)^2 + \frac{\lambda}{2} \left(\left\| \Theta_A \right\|^2 + \left\| \Theta_B \right\|^2 \right) \right]\!\right] \quad (3\text{-}1\text{-}20)$$

式中，同态加密算法定义为 $[\![\cdot]\!]$。让 $[\![\mathcal{L}_A]\!] = \left[\!\left[\sum_i \left(\left(u_i^A\right)^2\right) + \frac{\lambda}{2}\Theta_A^2\right]\!\right]$，
$[\![\mathcal{L}_B]\!] = \left[\!\left[\sum_i \left(\left(u_i^B - y_i\right)^2\right) + \frac{\lambda}{2}\Theta_B^2\right]\!\right]$，$[\![\mathcal{L}_{AB}]\!] = 2\sum_i \left([\![u_i^A]\!]\left(u_i^B - y_i\right)\right)$，则有

$$[\![\mathcal{L}]\!] = [\![\mathcal{L}_A]\!] + [\![\mathcal{L}_B]\!] + [\![\mathcal{L}_{AB}]\!] \tag{3-1-21}$$

同理，让 $[\![d_i]\!] = [\![u_i^A]\!] + [\![u_i^B - y_i]\!]$，则梯度表示为

$$\left[\!\left[\frac{\partial \mathcal{L}}{\partial \Theta_A}\right]\!\right] = \sum_i [\![d_i]\!]x_i^A + [\![\lambda \Theta_A]\!] \tag{3-1-22}$$

$$\left[\!\left[\frac{\partial \mathcal{L}}{\partial \Theta_B}\right]\!\right] = \sum_i [\![d_i]\!]x_i^B + [\![\lambda \Theta_B]\!] \tag{3-1-23}$$

模型的具体训练过程如下。

（1）A 方和 B 方对参数 Θ_A、Θ_B 做初始化，C 方生成密钥对，将公钥发送给 A 方和 B 方。

（2）A 方计算 $[\![u_i^A]\!]$、$[\![\mathcal{L}_A]\!]$ 并将其发送给 B 方；B 方计算 $[\![u_i^B]\!]$、$[\![d_i]\!]$、$[\![\mathcal{L}]\!]$，然后发送 $[\![d_i]\!]$ 给 A 方，发送 $[\![\mathcal{L}]\!]$ 给 C 方。

（3）A 方初始化一个随机数 R_A，计算 $\left[\!\left[\frac{\partial \mathcal{L}}{\partial \Theta_A}\right]\!\right] + [\![R_A]\!]$ 并将其发送给 C 方；B 方初始化一个随机数 R_B，计算 $\left[\!\left[\frac{\partial \mathcal{L}}{\partial \Theta_B}\right]\!\right] + [\![R_B]\!]$ 并将其发送给 C 方；C 方根据解密后的损失 $\mathcal{L}$ 判断模型是否收敛，并对加密梯度解密后再发送 $\frac{\partial \mathcal{L}}{\partial \Theta_A} + R_A$ 和 $\frac{\partial \mathcal{L}}{\partial \Theta_B} + R_B$ 给对应的 A 方和 B 方。

（4）A 方和 B 方减去之前引入的随机数，依据得到的真实梯度对参数 Θ_A、Θ_B 进行更新。

模型的评估过程如下：

（1）C 方分别向 A 方和 B 方发送样本 ID i。

（2）A 方计算 u_i^A 并将其发送给 C 方，B 方计算 u_i^B 并将其发送给 C 方；C 方获得结果 $u_i^A + u_i^B$。

基于上述训练过程，可以看到训练中的信息传输并没有暴露数据隐私，A 方和 B 方的数据一直保存在本地，即便泄露给 C 方数据也未会被视为侵犯隐私。不过为了尽可能地预防数据被泄露给 C 方，A 方和 B 方可以考虑加入加密随机掩码进一步保护数据。从而，A 方和 B 方完成了在联邦环境下协同训练一个共有模型。由于在构建模型时，每个参与方得到的损失和梯度应该与不限制隐私、将数据聚集在一处训练模型时学习的损失和梯度一致，所以该联邦模型理应是没有损失的，即模型训练的成本会受到数据加密所造成的通信和计算资源的影响。由于在每轮训练中，A 方和 B 方互相传送的数据会随重合样本量的变化而变化，因此该算法的效率能通过采取分布式计算技术得到提高。

从安全性方面来看，在训练过程中并没有向 C 方泄露任何数据，C 方得到的都是加密的梯度和随机数，与此同时，加密矩阵的安全性也是有保证的。在上述训练过程中，虽然 A 方在每步都学习自身的梯度，但 A 方并不能依照公式 $\sum_i [\![d_i]\!] x_i^A + [\![\lambda \Theta_A]\!]$ 就从 B 方处获得相关信息，因为要求解 n 个未知数就必须有至少 n 个方程才能确定方程的唯一解，这一必要性保证了标量积计算的安全性。在此处，我们假定样本数 N_A 远大于特征数 n_A。同理，B 方也无法从 A 方处获得任何相关的信息，从而证明了该过程的隐私性。值得注意的是，假设两个参与方都是半诚实的，但是当存在一个参与方是恶意攻击者时，它会伪造输入进行欺骗，如 A 方仅提交一个只有一个不为零的特征的非零输入，则系统可以识别出该输入的这一特征 u_i^B，但系统无法识别出 x_i^B 或 Θ_B，同时偏差会使得之后的训练结果失真，从而告知另一参与方停止训练。在结束时，A 方或 B 方都不会知晓对方的数据结构，都只能得到和自己的特征有关的参数，达不到联合训练的效果。在推断时，双方需要使用上述评估步骤来共同预测结果，这同样也不会暴露数据，更详细的过程可参考文献[2]。

纵向联邦泊松回归：泊松回归是针对事件发生次数利用特征构建的回归模型，满足事件之间的发生是相互独立的，事件的发生次数服从泊松分布。在模型训练之前，需要对不同参与方的数据进行基于隐私保护下的实体对齐，然后基于重叠样本构建联邦模型，训练过程如图 3-1-2 所示。

（1）A 方和 B 方各自对参数 $\exp(W_A X_A)$、$\exp(W_B X_B)$ 做初始化，C 方生成密钥对并发送公钥给 A 方和 B 方，A 方将用公钥加密后的 $[\![\exp(W_A X_A)]\!]$ 传输给 B 方。

（2）B 方在拿到加密数据后，结合目标值 Y，计算可得 $\hat{\beta} = ([\![\exp(W_A X_A)]\!] \times \exp(W_B X_B) - Y)$，然后用公钥加密后将 $[\![\hat{\beta}]\!]$ 传输给 A 方。

（3）B 方结合本地数据计算得到 B 方梯度 $[\![g_B]\!] = [\![\hat{\beta}]\!] X_B$，A 方结合本地数据计算得到 A 方梯度 $[\![g_A]\!] = [\![\hat{\beta}]\!] X_A$，然后 B 方和 A 方分别将各自的梯度 $[\![g_B]\!]$ 和 $[\![g_A]\!]$ 发送给 C 方。

（4）C 方将获得的梯度 $[\![g_B]\!]$、$[\![g_A]\!]$ 进行汇总和解密后得到一个完整的梯度，最后将优化后的完整梯度拆分成新的 $[\![g_B]\!]$ 和 $[\![g_A]\!]$，并将其分发给对应的 B 方和 A 方。

（5）B 方和 A 方利用优化后的梯度对模型进行更新，同时 C 方根据 B 方设置的停止标准，在每次迭代结束时判断联邦模型是否收敛。如果收敛，那么 C 方分别向 B 方和 A 方发送停止迭代标识。

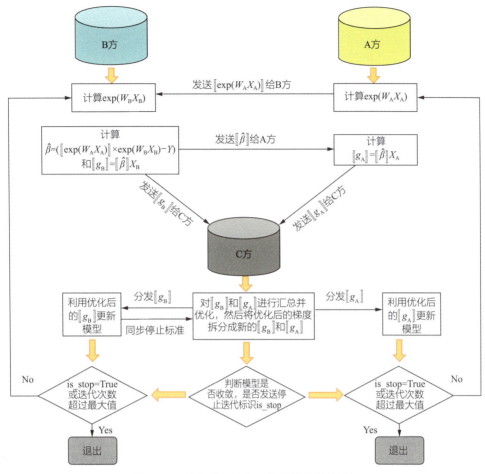

图 3-1-2 纵向联邦泊松回归模型的训练过程

3.2 极端梯度提升树的联邦学习实现方式

上述传统机器学习算法为单个弱学习器的训练，本节所涉及的极端梯度提升树属于集成学习。集成学习方法把多个效果较弱的学习器按一定的方式结合，从而形成一个效果强的学习器。相较于单个学习器，集成学习的表征能力和泛化能力可以获得明显的提升。一般而言，将不相同的弱学习器结合在一起，集成学习的效果会有更好的提升。

较为著名的获得广泛认同的集成学习模型［包括以决策树为基学习器的随机森林（Random Forest，RF）[47]、梯度提升决策树（Gradient Boost Decision Tree，GBDT）[48]和极端梯度提升树（eXtreme Gradient Boosting，XGBoost）[49]等］，在网络入侵检测、客户关系管理、教育数据挖掘和音乐推荐等多个学习任务中均表现出强大的能力，其中 XGBoost 更凭借其计算高效、预测准确等特点获得了高度的关注和广泛的应用。

谷歌于 2016 年发表了首次提出联邦学习概念的相关论文，文章论述了重叠样本特征多、重叠用户少的横向联邦场景。在跨机构数据联合应用的实践中，纵向联邦，即重叠用户多、重叠样本特征少的情况，也是非常典型的场景，有着广泛的应用需求。以提供金融信贷服务的银行为例，如果银行能与电信运营商合作并使用其数据，那么银行风控模型的预测能力将会显著提升。将集成树类的算法推广到联邦学习场景，在保护数据隐私的前提下，Cheng 等提出了将 XGBoost 纵向联邦化时无损的计算框架，即 SecureBoost[50]。

本节首先回顾 XGBoost 的算法特点，而后从数据对齐、模型构建、结果预测和效果评估等几个方面全面介绍 SecureBoost。

3.2.1　XGBoost 算法介绍

XGBoost 是一种以梯度提升决策树为基础的算法，已经被广泛地应用到多种场景中，被用于处理分类、回归、排序等多种类型的任务，并能在分布式环境中部署使用。XGBoost 的显著优点包括以下几个。

（1）对叶子节点的设置加入惩罚，相当于添加了正则化项，防止过拟合。

（2）支持列采样，在构建每棵树时对属性进行采样，训练速度快，效果好。

（3）支持稀疏数据，对于特征有缺失的样本特殊处理，仍可以通过学习得出分裂的方向。

（4）使用可并行的近似频数统计分布算法，在节点分裂时，经过预排序的数据按列存放，在特征维度进行并行计算，即可以同时遍历各个属性，寻找最优分裂点。

（5）每经过一轮迭代，叶子节点上的权重都会乘以某系数，该系数被称为缩减系数，用于削弱每棵树的作用，使之后的训练有更大的提升空间。

XGBoost 算法求解的优化问题的目标函数如式（3-2-1）所示。

$$\text{Obj} = \sum_{n=1}^{n} \text{loss}(y_i, \hat{y}_i) + \sum_{k=1}^{m} \Omega(f_k) \quad (3\text{-}2\text{-}1)$$

式中，n 为样本数量；m 为决策树数量；loss 为真实值 y_i 与预测值 $\hat{y}_i$ 分布差异对应的损失函数；Ω 为正则化项；f_k 为第 k 棵树。

模型的复杂度由正则化项控制，见式（3-2-2）。正则化项包括叶子节点数 T 和叶子节点得分 ω，γ 与 λ 为正则化系数。

$$\Omega(f_k) = \gamma T + \frac{1}{2}\lambda \sum_{j=1}^{T} \omega_j^2 \quad (3\text{-}2\text{-}2)$$

我们对目标函数中的损失函数做二阶泰勒展开，并使用叶子节点分裂前后的增益作为分裂准则，从而推导出增益的数学形式，如式（3-2-3）所示。

$$\text{Gain} = \frac{1}{2}\left[\frac{G_L^2}{H_L + \lambda} + \frac{G_R^2}{H_R + \lambda} - \frac{(G_L + G_R)^2}{H_L + H_R + \lambda}\right] - \gamma \quad (3\text{-}2\text{-}3)$$

式中，$\dfrac{G_L^2}{H_L + \lambda}$ 和 $\dfrac{G_R^2}{H_R + \lambda}$ 分别为叶子节点切分后左、右节点的得分；$\dfrac{(G_L + G_R)^2}{H_L + H_R + \lambda}$ 为切分前的得分；G_L、G_R、H_L、H_R 分别为左节点损失函数的一阶导数、右节点损失函数的一阶导数、左节点损失函数的二阶导数和右节点损失函数的二阶导数，具体的数学形式如式（3-2-4）所示。

$$G_j = \sum_{i \in I_j} g_i, \quad g_i = \partial_{\hat{y}_i^{(t-1)}} \text{loss}\left(y_i, \hat{y}_i^{(t-1)}\right)$$

$$H_j = \sum_{i \in I_j} h_i, \quad h_i = \partial^2_{\hat{y}_i^{(t-1)}} \text{loss}\left(y_i, \hat{y}_i^{(t-1)}\right) \quad （3\text{-}2\text{-}4）$$

通过贪心算法来最大化目标函数，即最大化节点分裂前后的增益，其对应的特征和切分点则为最优特征和最优分裂点。与基于信息熵和基尼系数计算增益的 ID3 算法和 CART 算法相比，XGBoost 算法使用了损失函数的一阶和二阶导数信息来计算分裂增益，可以改进基学习器的能力，同时对树型结构做预剪枝来避免过拟合，即当节点分裂带来的增益超过自定义的阈值 γ 时，叶子节点才进行分裂。此外，式（3-2-3）中的 λ 是正则化项中叶子节点得分的系数，在对叶子节点得分做平滑处理的同时，也起到防止过拟合的作用。

3.2.2　SecureBoost 算法介绍

SecureBoost 算法要解决的问题，是将多个数据提供方和具备标签的需求发起方联合起来，在保证数据不出域的前提下共同训练模型。同时，与将数据合并在一起训练时相比，还须保证联合训练的模型具备性能无损的特点。在此过程中，SecureBoost 算法将涉及数据对齐、构造 Boost 树、模型预测和模型性能评估四个方面。

1. 数据对齐

联邦学习的第一步是数据对齐，其难点在于如何让隐私信息在数据对齐的过程中不被暴露。在纵向联邦学习场景中，SecureBoost 算法使用了文献[51]中的方法，实现数据参与方在不知道其他方与己方的差集数据的情况下得到交集，从而实现了隐私保护下的数据对齐，相关的计算请参考 2.2 节。

2. 构造 Boost 树

构造 Boost 树是在联邦学习的模式下按 XGBoost 算法的思路进行树模型的构建。SecureBoost 算法的关键是在保护数据隐私的前提下，利用全部信息构建 Boost 树，这就需要在数据对齐之后，加密传递训练涉及的中间值，即损失函数的一阶导数 g_i 和二阶导数 h_i。而在寻找最优分裂特征和分裂点时，算法需要对叶子节点上样本的 g_i 和 h_i 进行求和操作，这仅需要加密之后的导数信息依然保持可加性即可。所以，SecureBoost 算法采用 Paillier 半同态加密算法，加密需要跨数据方传递的导数信息，并进行相应计算进而实现特征分裂[17]，从而保证了联邦的 SecureBoost 与 XGBoost 算法无异。SecureBoost 算法的叶子节点分裂过程如图 3-2-1 所示，对应的步骤如下。

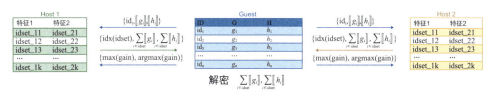

图 3-2-1　SecureBoost 算法的叶子节点分裂过程

（1）Guest 方基于当前节点分别计算一阶和二阶导数的和，并将所得的结果加密与当前 ID 集合一同传递到各个 Host 方。

（2）Host 方遍历所有变量，基于变量的分箱结果计算统计直方图，并将不同分裂点加密后的一阶梯度 g_i 和二阶梯度 h_i 的求和值随后回传给 Guest 方。

（3）Guest 方解密求和值，并基于当前节点的一阶导数和二阶导数的和，计算每个 Host 方各个特征的不同分裂点的信息增益。

（4）Guest 方继续计算自身各个特征在不同分裂点的信息增益，并与 Host 方的相应值进行比较，选出最优分裂点，且将最优信息增益结果传给所有 Host 方。

需要强调的是，根节点的分裂只有 Guest 方可以参与，原因在于防止 Host 方反向推断标签信息。即便 Host 方有足够的能力，也只能拿到第一个子树的结果。此外，Guest 方知晓各个节点归属于哪一方进行切割，但也仅限于此，Guest 方并不知道切割所使用的特征及其分裂点。

3. 模型预测

SecureBoost 算法的预测需要 Guest 方与 Host 方交互才能完成，各方只拥有和维护属于自己的树节点，而对其他方掌握的节点信息不可见。与其他常见的树模型一样，SecureBoost 算法左边的叶子节点值永远小于右边的叶子节点值。

以证券机构信用风险高低的二分类预测为例，介绍 SecureBoost 算法构建树的过程中叶子节点如何进行分裂。其中，Guest 方、Host 1 方和 Host 2 方存在交集用户 {X1,X2,X3,X4,X5}，Guest 方具有因变量信用风险、自变量机构类型和公司规模；Host 1 方提供自变量注册资本；Host 2 方提供自变量注册地和经营年限，变量解释见表 3-2-1。

表 3-2-1　特征名称、数据类型和对应的特征含义

特征名称	数据类型	特征含义
信用风险	整型	信用风险是指交易中的信用违约风险。这里将风险取值定义为 0 和 1，0 表示高风险，1 表示低风险
机构类型	字符串	机构类型取值分为央企、国企、民企三类
公司规模	整型	公司规模在这里等同于公司的实际人数
注册资本	整型	注册资本是指合营企业在登记管理机构登记的资本总额（单位为万元）
注册地	字符串	注册地的取值为中国的各城市
经营年限	整型	经营年限是公司从注册成立至今的总时长（单位为年）

下面基于 {X1,X2,X3,X4,X5} 训练数据，利用 SecureBoost 算法构建的模型进行预测。假设树结构是图 3-2-2 中左下方形式。根节点使用的特征是 Guest 方的公司规模变量，节点分裂的阈值等于 45 000，其含义为当测试数据的公司规模小于 45 000 人时，样本数据会进入左边的叶子节点，反之进入右半支，其他节点以此

类推，直至待预测样本数据进入某个叶子节点，然后利用训练集在该叶子节点样本标签取值的分布，选取数量占比最高的标签，作为待预测样本数据的预测标签。对于这个例子中的树结构，真正影响信用风险的自变量只有公司规模、注册资本和经营年限。以待预测样本数据为例（公司规模为 23 632 人，注册资本为 3128 万元，经营年限为 7 年），该数据被预测的过程如下。

Guest方

ID	机构类型	公司规模	信用风险（y值）
X1	民企	53 153人	0
X2	民企	974人	0
X3	央企	62 457人	1
X4	国企	31 324人	0
X5	国企	6321人	1

Host1方

ID	注册资本（万元）
X1	312
X2	1134
X3	7567
X4	3231
X5	2654

Host2方

ID	注册地	经营年限（年）
X1	北京	3
X2	上海	6
X3	北京	8
X4	北京	7
X5	广州	5

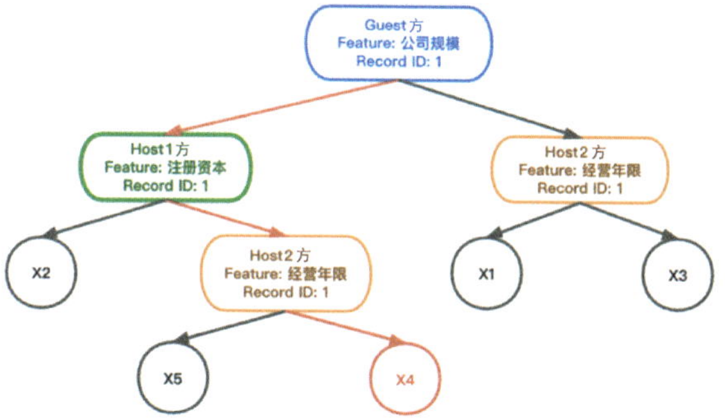

查询表

Record ID	公司规模	阈值（个）
1	23 632人	45 000

Record ID	注册资本（万元）	阈值（万元）
1	3128	1700

Record ID	经营年限（年）	阈值（年）
1	7	6

图 3-2-2　SecureBoost 单棵树节点分裂和预测实例

（1）在根节点依据 Guest 方的“公司规模”进行分流。

（2）样本数据进入左半支后，Host 1 方会根据该节点的“注册资本”继续分流该数据。

（3）Host 2 方参照“经营年限”的阈值将数据分流至右半支。

（4）直至到达叶子节点停止，此时该节点对应的标签值为 0，所以数据的预测结果也为 0。

4. 模型性能评估

SecureBoost 算法的性能主要通过误差收敛速度、单棵树的深度、数据样本量和特征量四项指标来反映。对于误差收敛速度而言，SecureBoost[50]算法与非联邦的 XGBoost 算法和 GBDT 算法，在同一训练数据样本下，随着迭代步数的增加，三者的损失函数的收敛程度几乎一样，如图 3-2-3 所示。这说明了 SecureBoost 算法的加密/解密过程并没有损害模型的性能。

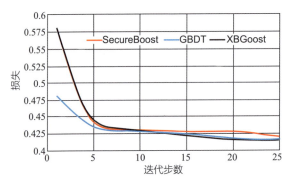

图 3-2-3　SecureBoost、XGBoost 和 GBDT 算法的损失随迭代步数的变化曲线

进一步增加单棵树的深度，观察 SecureBoost 算法的计算时间。如图 3-2-4（a）所示，SecureBoost 算法的计算时间与单棵树的最大深度呈线性关系。这种线性关系对 SecureBoost 算法的大规模运用具有重要价值，既能针对自身业务需求设置树的最大深度阈值，也能根据该线性关系预测增加树深对应的计算时间。SecureBoost 算法的计算时间随特征数量和数据量的变化如图 3-2-4（b）和（c）所示。根据变化曲线可以看出，当数据量为 30 000 个时，随着特征数量增加并超过 1000 个，计算时间大幅增加；而当特征数量为 5000 个时，且随着数据量增加并超过 10 000 个，计算时间也大幅增加。这能帮助我们平衡特征数量和数据量，进而对特征数量做取舍，以保证能高效地训练模型。

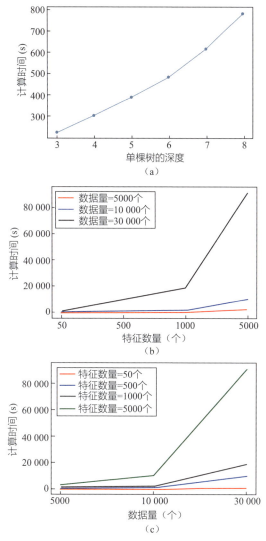

图 3-2-4 SecureBoost 算法的计算时间随参数变化的曲线

SecureBoost 算法是联邦学习场景下，XGBoost 算法的一种实现方式。该算法填补了联邦学习在集成学习领域的空缺。SecureBoost 算法的本质仍是树模型，它不仅可以处理分类场景，还可以解决回归问题。树模型在应用中的优异模型效果表现和训练部署的便利性也让 SecureBoost 算法成为众多联邦学习算法中备受关注的对象之一。

3.3 深度学习类算法的联邦学习实现方式

3.3.1 深度学习的基本概念

在机器学习发展初期，为了保证样本量与参数数量的平衡，机器学习的模型较为简单，模型容量相对较低。随着大数据时代的到来，建模样本得以极大丰富，有效地降低了复杂模型面临的过拟合风险。而为了应对大数据量的计算，各类科技手段应运而生，使得计算机的算力不断增强，模型训练的效率得到了显著提升。因此，各类复杂算法开始得到人们的青睐，深度学习（Deep Learning）就是其中之一。

深度学习是人工智能（Artificial Intelligence，AI）研究中机器学习（Machine Learning）领域的一个研究方向。深度学习、机器学习与人工智能的关系如图 3-3-1 所示。最典型的深度学习模型是包含多个隐层的神经网络或者深层神经网络。神经网络（Neural Networks）这一概念最早来源于生物学，一般是指生物的大脑中神经细胞组成的网络。而在机器学习领域中提到神经网络时，则更多的是指人工神经网络或神经网络学习。人工神经网络是机器学习领域与神经网络领域的交集，是由具有适应性的简单单元组成的广泛并行互连的网络，它的组织能够模拟生物神经系统对真实世界物体所做出的交互反应[2]。

神经网络的基本组成单位是神经元（Neuron）。常见的神经网络主要有以下几个部分：输入层（Input Layer）、隐层（Hidden Layer）和输出层（Output Layer）。每一层都包含一定数量的神经元，其中隐层神经元和输出层神经元均为拥有激活函数（Activation Function）的功能型神经元。外界信号由输入层神经元进入神经网络，经由隐层神经元和输出层神经元的函数加工，最终由输出层输出。深度学习通过多个隐层对模型进行逐步训练，在各隐层中反复进行拟合并逐渐优化模型结果。

图 3-3-1　深度学习、机器学习与人工智能的关系

科学家对深度学习的研究日渐深入，而这些研究成果也对其他行业和领域的发展产生了深远影响。例如，在生命科学领域，深度学习可以用于图像分析、药物发现、疾病预测及基因测序等。在制造业中，深度学习有助于实现汽车的自动驾驶，也可应用于生产基于人脸识别的智能手机、智能防盗设备等。而对于企业来说，深度学习的价值同样不容小觑。在企业运营管理中，深度学习能够支持智能风控、智能推荐、智能营销等应用场景，包括欺诈团伙检测、推荐系统优化、客户关系管理、广告浏览及点击预测等。

3.3.2　常用的深度学习算法介绍

为了说明联邦深度学习算法，我们需要先了解一种常用的深度学习算法——误差反向传播算法。

1. 前馈神经网络（Feedforward Neural Network，FNN）

上文提到，神经网络是由一个个相连的神经元构成的。最简单的网络结构单层感知机（Perceptron）仅包含两层：输入层和输出层。其中，输出层是一个"M-P神经元模型"。前馈神经网络，也可以被称作多层感知机（Multilayer Perceptron，

MLP）或深度前馈网络（Deep Feedforward Network），比单层感知机增加了隐层，是一种更常见的神经网络结构。前馈神经网络通常是全连接的神经网络，即相邻两层的神经元之间完全相连，而不存在同层连接或跨层连接（如图 3-3-2 所示）。在实际应用中，与只能用于学习线性可分数据的单层感知机相比，多层感知机可以进一步学习数据之间的非线性关系，模型的复杂度大大提升，因此应用范围更加广泛。

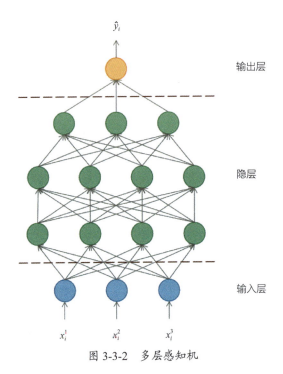

图 3-3-2　多层感知机

前馈神经网络的目标是使训练出的模型无限趋近于某个真实函数 $f(\cdot)$。其定义了一个映射 $y = f(x,\theta)$（例如，对于分类问题来说，$y = f(x)$ 的含义为将某一个输入样本 x 映射到某一个类别 y），并通过对训练数据的学习得到参数 θ，使得函数的预测结果能够尽可能近似于真实值。之所以称为前馈神经网络，是因为这些模型都是前向（Feedforward）的，即从样本输入到隐层中的计算，再到输出模型结果，整个流程中并没有将模型某一层的输出重新作为该层输入的反馈

(Feedback)连接。若在前馈神经网络的基础上进一步增加反馈连接,则前馈神经网络演变成为循环神经网络。之所以叫网络(Network),是因为模型中通常复合了多个不同函数。例如,在图 3-3-2 所示的前馈神经网络中,每一个隐层都对应了一个不同的激活函数 f_1、f_2、f_3。

2. 误差反向传播(error Back Propagation,BP)算法

误差反向传播算法常被用来对前馈神经网络进行训练。但事实上,误差反向传播算法不仅可用于训练前馈神经网络,还可用于训练递归神经网络、循环神经网络等其他类型的神经网络。误差反向传播算法以损失函数计算出的模型误差为依据对模型参数进行调优,目标是最小化模型预测误差。反向传播算法有多种优化方法,以梯度下降(Gradient Descent)法为例,算法首先求出损失函数在目标参数(权重)上的梯度表达式和梯度,然后根据一定的学习率(步长)η 沿目标参数的负梯度方向对该参数进行调整,通过反复迭代,逐步将参数值调至最优。参数梯度是目标函数的导数的表达式,即每一层的目标函数的导数乘积(详见式 3-3-1)。

以图 3-3-3 所示的前馈神经网络为例,样本 x_i 通过前馈神经网络的输入层进入网络,经隐层部分的激活函数逐层计算并传递至输出层,得到模型的预测结果 $\hat{y}_i$,再通过目标函数(损失函数)$\mathcal{L} = \frac{1}{2}\sum_{i=1}^{k}(y_i - \hat{y}_i)^2$(损失函数可采用均方误差、交叉熵或其他形式,此处以均方误差为例)计算模型对所有样本的预测结果与真实值的总误差。随后,将误差在模型上进行反向传播,逐层求出目标函数对各神经元权重 v 的偏导数,得到目标函数对权重的负梯度作为更新权重的依据,$\Delta v = -\eta \frac{\partial L}{\partial v}$,有

$$\frac{\partial L}{\partial v_{ji}} = \frac{\partial L}{\partial \hat{y}_i} \cdot \frac{\partial \hat{y}_i}{\partial \beta_i} \cdot \frac{\partial \beta_i}{\partial v_{ji}} \qquad (3\text{-}3\text{-}1)$$

式中，$\beta_i = \sum_{j=1}^{3} v_{ji} h_j$。

在更新权重时，梯度的方向即为使模型误差扩大的方向，因此在计算 Δv 时需要对梯度取反，沿负梯度方向更新权重，从而减小由该权重引起的误差。而学习率 η 的选取将会在很大程度上影响模型训练的速度和效果，学习率太小会导致模型收敛过慢、模型过拟合或陷入局部最优解，而学习率太大，则会使目标函数值振荡或跳过全局最优解。误差反向传播算法的目标是使模型在训练集数据上的总误差最小化，即目标函数值最小。当误差小于设定的阈值时，学习过程终止。

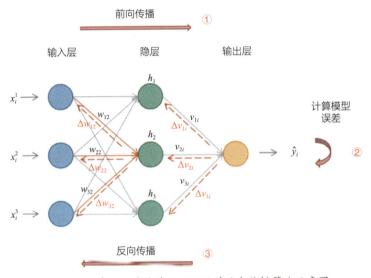

图 3-3-3　单隐层前馈神经网络误差反向传播算法示意图

3.3.3　联邦深度学习算法介绍

1. 横向联邦深度学习算法的实现方式

对于部分具有相同或相似业务的企业来说，参与联合建模的企业往往拥有相同或相似的客户特征，只是拥有的客户群体互不相同。以银行为例，不同的银行拥有各自的客户群体，但每家银行都会对自己的客户建立类似的客户画像，包括客户的存款特征、交易特征、信贷特征等。因此，通过进行横向联邦学习，这部分企业可以在不泄露客户数据的情况下提升模型能力。

横向联邦深度学习是基于横向联邦学习框架的深度学习算法实现的。在横向联邦深度学习算法框架中，包含两类参与方。A 方代表拥有相同数据结构（即相同特征数据和标签）的 K 个客户端。B 方作为协调者（Coordinator），聚合 A 方 K 个客户端上传的模型参数并向 A 方各客户端传递聚合后的模型参数。在每次迭代中，A 方的各客户端首先根据自己拥有的样本数据训练自己本地的深度学习模型。之后，所有客户端对各自的模型参数通过随机掩码（Random Mask）进行加密，并上传加密后的模型参数给 B 方。B 方将这些参数进行安全聚合作为联邦深度学习模型的参数，并将优化后的聚合参数发回给所有 A 方。最后，A 方的各客户端解密聚合参数，并根据解密后的参数更新其本地模型的参数。与传统深度学习算法类似，当联邦模型收敛或整个训练过程达到预定的最大迭代阈值时，训练过程将停止。

本节将以联邦学习框架（Federated AI Technology Enabler，FATE）上横向联邦深度学习的实现案例——横向联邦神经网络（Federated Homogeneous Neural Network Framework, Homo-NN，下文以 Homo-NN 代替）为例，对横向联邦深度学习的实现步骤进行阐述。在 Homo-NN 中，各参与方拥有相同的特征，但各自拥有的样本不同。各参与方可选择不同的加密方式（同态加密[52]、差分隐私[17]、秘密共享[43]等），以保证任何参与方都无法通过解密获得其他参与方拥有的模型。

Homo-NN 采用主从架构，其中包含两类参与方。A 方代表拥有相同数据结构及相同的深度神经网络结构的各个客户端。A 方又分为 Guest 方与 Host 方两个角色。Guest 方是模型训练任务的触发者，而 Host 方除了不触发任务，与 Guest 方基本相同。B 方作为协调者聚合 A 方参数并向 A 方各客户端传递聚合后的参数，A 方用聚合后的参数更新本地深度神经网络模型。图 3-3-4 展示了 Homo-NN 的实现方式。

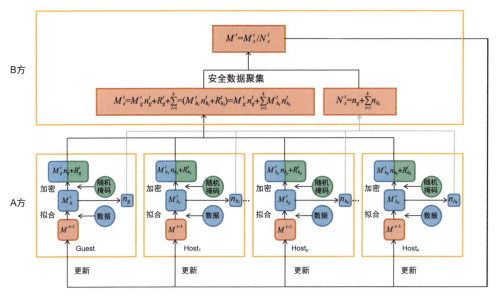

图 3-3-4 Homo-NN 的实现方式

（1）在每次迭代中，A 方的 Guest 方及 k 个 Host 方首先根据自己拥有的样本数据在本地训练深度神经网络模型 M^{t-1}，得到新的模型 M_g^t 与 $M_{h_i}^t$。其中，$M_{h_i}^t$ 代表第 i 个 Host 方第 t 次训练的模型。

（2）所有参与方将各自的模型参数通过随机掩码进行加密，并上传加密后的模型参数 $[\![M_p^t n_p + R_p^t]\!] \left(p \in \{g, h_1, \cdots, h_k\} \right)$ 和样本量 n_p 给 B 方。式中，R_p^t 为客户端 $p \left(p \in \{g, h_1, \cdots, h_k\} \right)$ 的随机掩码。随机掩码是经过设计的，以保证所有参与方的随机数加起来是一个零矩阵，从而在对各方上传的加密参数进行加和时，随机掩码会被抵消。

（3）B 方将这些参数进行安全聚合，得到 $M_s^t = \sum_p \left(M_p^t n_p^t + R_p^t \right) = \sum_p M_p^t n_p^t$，以及总样本量 $N_s^t = \sum_p n_p^t$，计算新的模型参数 $M^t = M_s^t / N_s^t$，并将聚合后的参数进行加密后发回给所有 A 方。

（4）A 方的各客户端对收到的参数进行解密，并使用解密后的参数更新其本地模型的参数。

（5）重复步骤（1）～步骤（4），直至达到停止条件，例如误差小于阈值或达到预定的迭代次数。

由于模型没有明文传输，除了模型所有者，其他任何一方都无法获得模型的真实信息。

2. 纵向联邦深度学习算法的实现方式

在更常见的情况下，参与建模的企业拥有不同的特征，但有相同的客户群体。例如，对于一个集团的成员企业来说，不同的企业面向不同的业务，但不同的成员企业之间的客户群体却大量重合。在此情景下，通过纵向联邦深度学习，每个成员企业都可以在不进行数据交换的情况下优化各自的深度学习模型。

1）目标函数与算法

在纵向联邦深度学习中，假设有两个参与方。A 方只拥有样本特征，数据集为 $D_A := \{(x_i^A)\}_{i=1}^{N_A}$。式中，$x_i^A$ 为 A 方拥有的样本 i 的特征构成的 a 维实数向量，$x_i^A \in \mathbf{R}^a$，N_A 为 A 方样本数量。B 方拥有样本特征及标签，数据集为 $D_B := \{(x_j^B, y_j^B)\}_{j=1}^{N_B}$。式中，$x_j^B$ 为 B 方拥有的样本 j 的特征构成的 b 维实数向量，$x_j^B \in \mathbf{R}^b$；N_B 为 B 方样本数量。A 方与 B 方样本的重合度较高，但对于每一个样本，A 方和 B 方拥有的特征不同。使用隐私保护对齐方式（例如 RSA 公钥加密算法等）匹配 A 方和 B 方共同拥有的样本。假设 A 方与 B 方共有的样本集为 $D_{AB} := \{(x_i^A, x_i^B, y_i^B)\}_{i=1}^{N_{AB}}$。式中，$N_{AB}$ 为 A 方与 B 方共有的样本数量；x_i^A 为 A 方拥有的样本 i 的特征构成的 a 维实数向量；x_i^B 为 B 方的特征构成的 b 维实数向量；y_i^B 为样本 i 对应的标签。

纵向联邦学习模型分为底层模型、交互层模型及顶层模型。A 方与 B 方分别通过自己的神经网络 Net^A、Net^B 训练出底层模型的输出 $\hat{z}_i^A = \text{Net}^A(x_i^A)$ 和 $\hat{z}_i^B = \text{Net}^B(x_i^B)$。$\text{Net}^A$ 和 Net^B 的损失函数分别为 ℓ_1^A、ℓ_1^B。A 方和 B 方神经网络训练的目标函数如下

$$\min_{\Theta^p} L_1 = \sum_{i=1}^{N_p} \ell_1(z_i^p, \hat{z}_i^p) \tag{3-3-2}$$

式中，$p \in \{A, B\}$ 表示 A 方或 B 方，$\Theta^A = \{\theta_l^A\}_{l=1}^{L_A}$ 和 $\Theta^B = \{\theta_l^B\}_{l=1}^{L_B}$ 分别为 A、B 双方本地神经网络模型 Net^A 和 Net^B 的参数。将 $\hat{z}_i^A$、$\hat{z}_i^B$ 进行加权汇总后得到 $\hat{z}^{AB}$。式中，$\hat{z}^{AB} \in \mathbf{R}^{N_{AB} \times d}$，$d$ 为底层模型输出层的神经元个数。将 $\hat{z}_i^{AB}$ 作为输入传入交互层。假设交互层激活函数为 $g(\cdot)$，则交互层输出为 $\hat{u}_i = g(\hat{z}_i^{AB})$，损失函数为 ℓ_2。交互层的目标函数为

$$\min_{\Theta^A, \Theta^B, \Theta^g} L_2 = \sum_{i=1}^{N_{AB}} \ell_2(u_i, \hat{u}_i) \tag{3-3-3}$$

式中，Θ^g 为激活函数涉及的参数。将交互层输出作为顶层模型 Net^F 的输入，最终得到结果 $\hat{y}_i = \text{Net}^F(\hat{u}_i) = \text{Net}^F(g(\hat{z}_i^{AB}))$，损失函数为 ℓ_3。顶层神经网络的目标函数为

$$\min_{\Theta^A, \Theta^B, \Theta^g, \Theta^F} L_3 = \sum_{i=1}^{N_{AB}} \ell_3(y_i, \hat{y}_i) \tag{3-3-4}$$

式中，Θ^F 为顶层模型 Net^F 涉及的参数。综上所述，纵向联邦深度学习最终的目标函数可以写为

$$\min_{\Theta^A, \Theta^B, \Theta^g, \Theta^F} L = L_3 + \lambda_1 L_2 + \lambda_2 (L_1^A + L_1^B) \tag{3-3-5}$$

式中，λ_1，λ_2 为权重参数。

最后，通过误差反向传播算法获得梯度，更新 $\Theta^A, \Theta^B, \Theta^g, \Theta^F$。对于 $p \in \{A, B\}$，可以得到

$$\frac{\partial L}{\partial \theta_l^p} = \frac{\partial L_3}{\partial \theta_l^p} + \lambda_1 \frac{\partial L_2}{\partial \theta_l^p} + \lambda_2 \theta_l^p \tag{3-3-6}$$

$$\frac{\partial L}{\partial \theta^g} = \frac{\partial L_3}{\partial \theta^g} + \lambda_1 \frac{\partial L_2}{\partial \theta^g} \tag{3-3-7}$$

$$\frac{\partial L}{\partial \theta_{l'}^{F}} = \frac{\partial L_3}{\partial \theta_{l'}^{F}} \qquad (3\text{-}3\text{-}8)$$

2）纵向联邦学习的实现

本节将以 FATE 上对纵向联邦深度学习的实现案例——纵向联邦神经网络（Federated Heterogeneous Neural Network Framework，Hetero-NN，下文均以 Hetero-NN 代替）为例，对纵向联邦深度学习的实现步骤进行阐述。Hetero-NN 允许拥有部分相同用户样本的不同特征集的多个参与方共同参与一个深度学习过程。所谓异构，即参与方拥有的特征不同。Hetero-NN 的优点是它提供了与无隐私保护的深度神经网络算法相同的精确度，同时不泄露每个数据提供者（Private Data Provider）的信息。Hetero-NN 的实现方式如图 3-3-5 所示。

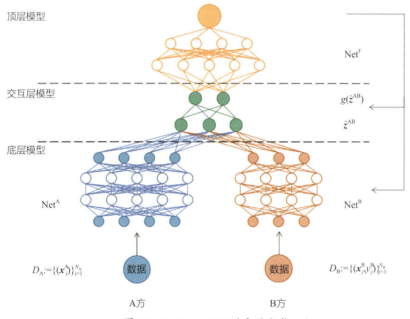

图 3-3-5　Hetero-NN 的实现方式

其中，A 方（Party A）是被动方，是数据提供者，只提供样本特征。A 方在联邦深度学习框架中扮演客户端的角色。B 方（Party B）为主动方，同时拥有样本特征和标签。对于有监督的深度学习，标签信息是必不可少的，因此 B 方在联邦深度学习中扮演支配服务器的角色，负责模型的训练。双方的样本需通过加密方案进行样本对齐。通过隐私保护协议，参与联邦学习的各方可以在不泄露其他不重叠的样本信息的同时找到它们的共同用户或数据样本。

A 方和 B 方都有各自的底层模型，双方的神经网络模型不一定相同。双方在各自模型的基础上共同构建一个全连接交互层，交互层的输入是双方各自模型的输出的集合。只有 B 方掌握交互层的模型。最后，B 方建立顶层模型，并将交互层的输出作为顶层模型的输入，训练并获得最终的完整模型。

Hetero-NN 的训练过程基于误差反向传播算法的基本思想，因此 Hetero-NN 的实现也包括正向传播和误差反向传播两个过程。具体实现步骤如下：

（1）Hetero-NN 的正向传播（如图 3-3-6 所示）。基于纵向联邦学习框架的前馈神经网络算法的主要实施方案包括以下 3 个部分。

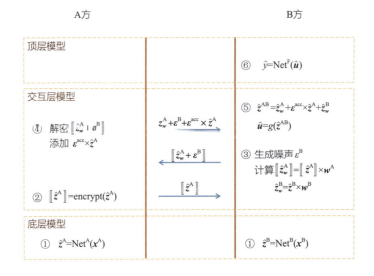

图 3-3-6　Hetero-NN 的正向传播[46]

① 底层模型的正向传播。

A 方将其特征 x^A 输入自己的底层模型，并获得底层模型的输出 $\hat{z}^A = \text{Net}^A(x^A)$。

B 方如果有特征，则将 x^B 输入 B 方底层模型，并获得底层模型的输出 $\hat{z}^B = \text{Net}^B(x^B)$。

② 交互层模型的正向传播。

A 方使用加法同态加密算法对 $\hat{z}^A$ 进行加密，将其标记为 $[\![\hat{z}^A]\!]$，并将加密结果发送给 B 方。

B 方接收到 $[\![\hat{z}^A]\!]$，乘以 A 方模型在交互层的权重 w_A，得到 $[\![\hat{z}^A_w]\!]$，同时将己方底层模型的输出 $\hat{z}^B$ 乘以交互层的权重 w_B，得到 $\hat{z}^B_w$。B 方生成噪声 ε^B，并将 $[\![\hat{z}^A_w + \varepsilon^B]\!]$ 发送给 A 方。

A 方对接收到的结果 $[\![\hat{z}^A_w + \varepsilon^B]\!]$ 进行解密，得到 $\hat{z}^A_w + \varepsilon^B$，并计算累积噪声 ε^{acc} 与底层模型输出的乘积，将 $\hat{z}^A_w + \varepsilon^B + \varepsilon^{acc} \times \hat{z}^A$ 发送给 B 方。

B 方用 A 方的结果减去 ε^B 得到 $\hat{z}^A_w + \varepsilon^{acc} \times \hat{z}^A$，并将 $\hat{z}^{AB} = \hat{z}^A_w + \varepsilon^{acc} \times \hat{z}^A + \hat{z}^B_w$（如果 $\hat{z}^B_w$ 存在）输入交互层的激活函数 $g(\cdot)$，得到交互层的输出 $\hat{u} = g(\hat{z}^{AB})$。

③ 顶层模型的正向传播。

B 方将交互层模型的输出 $\hat{u}$ 输入顶层模型中，通过正向传播算法，获得最终的输出结果 $\hat{y}$。

（2）Hetero-NN 的反向传播（如图 3-3-7 所示）。基于纵向联邦学习框架的反向传播算法的主要实施方案包括以下 3 个部分。

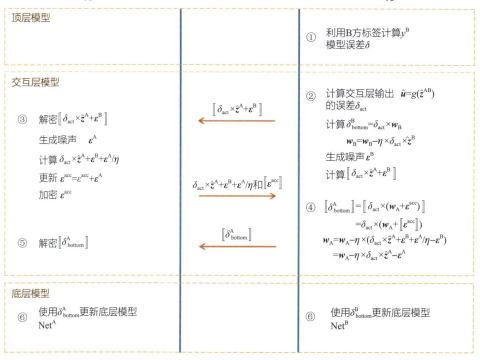

图 3-3-7 Hetero-NN 的反向传播

① 顶层模型的反向传播。

B 方用损失函数计算标签 y^B 与顶层模型输出 $\hat{y}$ 的误差 δ，并更新顶层模型。

② 交互层模型的反向传播。

B 方用 δ 计算交互层激活函数的输出 $\hat{u} = g(\hat{z}^{AB})$ 的误差 δ_{act}。

B 方计算 $\delta_{bottom}^{B} = \delta_{act} \times w_B$，将结果传播到己方的底层模型，同时更新 w_B，即 $w_B = w_B - \eta \times \delta_{act} \times \hat{z}^B$。

B 方生成噪声 ε^B，并将 $[\![\delta_{act} \times \hat{z}^A + \varepsilon^B]\!]$ 发送给 A 方。

A 方对 $[\![\delta_{act} \times \hat{z}^A + \varepsilon^B]\!]$ 进行解密，同时生成噪声 ε^A，计算 $\delta_{act} \times \hat{z}^A + \varepsilon^B + \varepsilon^A / \eta$，

并更新噪声 $\varepsilon^{acc} = \varepsilon^{acc} + \varepsilon^{A}$。A 方加密 ε^{acc}，将 $\delta_{act} \times \hat{z}^{A} + \varepsilon^{B} + \varepsilon^{A} / \eta$ 和 $[\![\varepsilon^{acc}]\!]$ 发送给 B 方。

B 方收到 $\delta_{act} \times \hat{z}^{A} + \varepsilon^{B} + \varepsilon^{A} / \eta$ 和 $[\![\varepsilon^{acc}]\!]$。首先，B 方计算 A 方底层模型输出结果误差 $[\![\delta_{bottom}^{A}]\!] = [\![\delta_{act} \times (w_{A} + \varepsilon^{acc})]\!] = \delta_{act} \times (w_{A} + [\![\varepsilon^{acc}]\!])$，并将结果发送给 A 方。随后，B 方更新 w_{A}，即 $w_{A} = w_{A} - \eta \times (\delta_{act} \times \hat{z}^{A} + \varepsilon^{B} + \varepsilon^{A} / \eta - \varepsilon^{B}) = w_{A} - \eta \times \delta_{act} \times \hat{z}^{A} - \varepsilon^{A}$。

A 方解密底层模型误差 $[\![\delta_{bottom}^{A}]\!]$，并将误差 δ_{bottom}^{A} 传递回己方的底层模型。

③ 底层模型的反向传播。

A 方和 B 方分别更新自己的底层模型。

纵向联邦深度学习的优点主要体现在：允许 B 方（主动方）进行无特征学习。当 B 方只拥有标签而 A 方拥有特征时，依然可以通过纵向联邦深度学习进行联合建模；同时，支持在训练过程中对训练集和验证集进行评估。

本节介绍了深度学习相关的基础概念、算法，并阐述了基于横向和纵向联邦学习框架的深度学习的实施方法。联邦深度学习为参与深度学习联合建模的各方提供了隐私保护，但深度学习本身对于算力有较高的要求，在联邦学习过程中会耗费大量时间，因此如何提高计算效率、降低建模的时间成本是联邦深度学习亟待解决的问题。

第 4 章
基于联邦学习的推荐系统

4.1 信息推荐与推荐系统

随着移动互联网的普及和兴起,我们已经被各种信息流所"淹没",从衣、食、住、行到视频和简讯,互联网从来没有像今天这样影响着我们的生活。与此同时,在浩如烟海的信息流中,真正获取对自身有用和感兴趣的内容却变得更困难。推荐系统就像一个信息漏斗,通过融合、摘要和筛选,最终过滤出"价值信息"来缓解信息过载的问题。在这背后是"用户行为""物品信息",以及一系列复杂的推荐算法和策略。它们共同组成了推荐系统。

推荐系统的主要目标就是将用户与有限的物品连接起来,在现在的推荐实践过程中主要分为两个阶段:召回和排序。在一般的推荐场景下,待推荐物品库的物品数量非常巨大,达到了千万件级别甚至更多,但是用户所关注的往往只集中在其中一小部分。召回就是根据用户和物品的各自特征,在全量物品库中,先粗筛一遍可能满足用户潜在需求的物品。之后,再进入推荐的第二步——排序。这部分物品的量级一般就是百十件级别。排序的主要目标是将与用户兴趣匹配度高的物品尽可能地展现在靠前和显眼的位置,进一步提高用户体验。具体到模型层面,比较常用的几种推荐模型如下。

1. 基于内容的推荐模型

基于内容的推荐模型是智能推荐系统中最早流行的推荐模型，主要根据用户历史上喜欢的物品的属性特征，找到与其具有相似特征信息的更多物品进行匹配，再按照一定的顺序推给用户。例如，在文本推荐中，根据一些文本内容抽取出用户感兴趣的文章的关键词，如"融合算法、深度学习、推荐系统"，然后根据关键词权重计算其他文章内容与其文本的相似度，选取拥有相近内容的文章推荐给用户（如关于推荐系统的经典模型"Wide & Deep"）。

2. 基于协同过滤的推荐模型

协同过滤，顾名思义就是利用"物以类聚，人以群分"的思想，充分利用集体智慧，不做过多物品本身的特征比较，转而关注用户与物品的选择关系。基于协同过滤的推荐根据当前用户的历史选择，找到其他有着相似历史选择的用户（即协同对象），然后将协同对象选过但当前用户还未选过的其他物品推荐给他。举例来说，如果已经知道当前用户看过《金刚狼》《雷神》《绿巨人》《美国队长》这些电影，我们找到也看过这些电影的其他用户，而且发现他们大多还看过《海王》，那么当前用户估计也会想看《海王》。

3. 混合推荐模型

混合推荐就是融合协同过滤和内容属性的推荐，而且在实际的工业系统中两者通常是混用的，尤其随着深度学习技术在推荐系统中广泛应用，多维度信息结合的特征工程变得容易。与单纯依赖用户行为的基于协同过滤的推荐相比，混合推荐根据"上下文"信息抽取出用户属性特征，增加了信息量，可以有效地提高推荐质量，而且可以在一定程度上缓解"冷启动"问题。例如，在基于协同过滤的推荐中，新用户即使没有历史行为，我们也可以根据人口统计学特征聚类将其分到相应的类中，然后根据最邻近客群的历史行为进行新用户的物品推荐。

任何推荐模型都离不开对用户信息的搜集，既包括用户的人口统计学信息，也包括用户的行为轨迹。当我们正在享受推荐系统带来的便利时，推荐系统也同时记录着我们在生活中的各种行为。这种记录越详细，推荐系统的个性化表现就越好。这就形成了用户隐私保护与便利性之间的矛盾，而且在这种矛盾产生的时候，我们首先要保护的无疑是用户的隐私数据。那么是否可以在保证用户隐私不泄露、不出域的情况下，进行推荐模型的训练呢？联邦学习提供了一个可行的方向，可以让不同参与方各自的"用户""物品"，以及"上下文"信息数据根据整体模型框架，在本地完成各自的训练任务，再通过密码学相关算法得到加密后的全局模型指导各模型参与方。为了能够更好地理解联邦推荐系统，我们首先要了解在推荐场景下用到的两种算法：矩阵分解（Matrix Factorization，MF）和因子分解机（Factorization Machine，FM）。

4.2 矩阵分解和因子分解机的实现方式

基于协同过滤的推荐模型是应用得较早而且比较有影响力的经典推荐模型，尤其在工业界被广泛使用。它基于历史上用户对部分物品的评价和兴趣偏好，根据过往行为找到用户间或者物品间的相似性，从而给出新的推荐关系。因此它不需要用户-物品反馈行为以外的任何用户、物品标签。例如，基于邻域方法的协同过滤推荐算法，有基于"用户"和基于"物品"两种算法。基于"用户"是指"协同"与用户最相似的多个用户的选择，"过滤"出向这个用户推荐的物品列表，这种算法被称为基于用户的协同过滤算法。基于"物品"是指"协同"与用户选择的物品相似的其他物品，"过滤"出可能喜欢这个物品的用户列表，这种算法被称为基于物品的协同过滤算法。

4.2.1 基于隐语义模型的推荐算法

基于邻域方法的推荐算法运用统计方法做协同过滤，基于隐语义模型的推荐算法属于机器学习算法，主要利用了用户-物品间的隐藏联系。基于隐语义模型的推荐算法，通过学习用户-物品反馈行为，得到用户和物品的"隐"属性，这类似于神经网络中的隐层，所以无法解释"隐"属性具体是什么，也无法解释"隐"属性与推荐结果有什么关系。但是它可以通过矩阵相乘获得新的用户-物品评分矩阵用于推荐（如图 4-2-1 所示）。

图 4-2-1 基于隐语义模型的推荐算法原理

隐语义模型解决了物品标准属性分类的问题。如果按照个人的主观想法对物品进行分类，那么由于人的认知不一样，有的物品很难定义属性的类别，并且属性的权重不一样，很难赋予合适的权重给各个属性。不同于单独考查某项特征，隐语义模型综合了用户-物品多项属性形成新的隐含方程，可以更加全面地"度量"用户对不同物品的兴趣，而且相关信息越丰富，考查的颗粒度就越细，类似于神经网络。

4.2.2 矩阵分解算法

4.2.1 节已经提到矩阵分解是实现基于隐语义模型的推荐算法的最主要方式。对用户-物品的关系矩阵进行矩阵分解，生成两个包含隐含因子的关系矩阵，每一个用户和物品都会对应到隐向量中，如果用户向量和物品向量相对应，就可以将物品推荐给用户。

以一个包含 n 个用户和 m 个物品的用户-物品的评分矩阵为例,其中 S 表示所有用户-物品对组成的集合,用 $r_{i,j} \in \mathbf{R}$ 表示用户 i 对物品 j 的评分,这样的兴趣评分共有 s 个。矩阵分解算法可以将用户和物品都训练出 $d \in \mathbf{N}$ 个隐属性,即每个用户都用一个 $d \in \mathbf{N}$ 维的向量 $\boldsymbol{u}_i \in \mathbf{R}^d$ 表示,每个物品都用一个 $d \in \mathbf{N}$ 维的向量 $\boldsymbol{v}_j \in \mathbf{R}^d$ 表示。在不考虑其他额外信息的时候,用户 i 对物品 j 的评分可以用 $\boldsymbol{u}_i$ 和 $\boldsymbol{v}_j$ 的点积表示,即 $\hat{r}_{i,j} = \langle \boldsymbol{u}_i, \boldsymbol{v}_j \rangle$。要训练出用户隐属性矩阵 U 和物品隐属性矩阵 V,就需要最优化损失函数,即

$$\min_{U,V} \frac{1}{s} \sum_{(i,j) \in S} (r_{i,j} - \langle \boldsymbol{u}_i, \boldsymbol{v}_j \rangle)^2 + \lambda_u \sum_{i \in [n]} \|\boldsymbol{u}_i\|_2^2 + \lambda_v \sum_{j \in [m]} \|\boldsymbol{v}_j\|_2^2 \quad (4\text{-}2\text{-}1)$$

可以看到,损失函数的意义是让观察到的兴趣评分和推算出来的兴趣评分尽可能接近,用均方根误差去度量。除此以外,加入了正则化项 $\lambda_u \sum_{i \in [n]} \|\boldsymbol{u}_i\|_2^2 + \lambda_v \sum_{j \in [m]} \|\boldsymbol{v}_j\|_2^2$ 防止模型过拟合,其中,调整常数 λ_u 和 λ_v 的值可以调节正则化的程度,需要通过实验找到合适的值。

对于这个目标函数,可以使用机器学习中的随机梯度下降(SGD)和交替最小二乘法(Alternating Least Square,ALS)进行优化。两种优化方法相比,SGD 是一种简单、快速的方法,而 ALS 的并行性能更好。

使用 SGD 迭代计算优化参数,直到参数收敛,每一步迭代的形式为

$$\boldsymbol{u}_i^t = \boldsymbol{u}_i^{t-1} - \gamma \cdot \nabla_{\boldsymbol{u}_i} F(U^{t-1}, V^{t-1}) \quad (4\text{-}2\text{-}2)$$

$$\boldsymbol{v}_j^t = \boldsymbol{v}_j^{t-1} - \gamma \cdot \nabla_{\boldsymbol{v}_j} F(U^{t-1}, V^{t-1}) \quad (4\text{-}2\text{-}3)$$

式中,γ 为学习速率,$\gamma > 0$。γ 越大,函数值沿梯度方向下降得越多。梯度的计算如下

$$\nabla_{u_i} F(U,V) = -\frac{2}{s} \sum_{j:(i,j)\in S} u_i(r_{i,j} - \langle u_i, v_j \rangle) + 2\lambda_u u_i \qquad (4\text{-}2\text{-}4)$$

$$\nabla_{v_j} F(U,V) = -\frac{2}{s} \sum_{i:(i,j)\in S} v_j(r_{i,j} - \langle u_i, v_j \rangle) + 2\lambda_v v_j \qquad (4\text{-}2\text{-}5)$$

ALS 是一种以最小二乘法（Least Square，LS）为基础的优化方法。ALS 通过求解析解，交替更新 U 和 V 来逼近最优值。由于 U 和 V 都是未知的参数矩阵，损失函数是一个非凸函数，无法通过求导计算全局最优值。但如果固定 U，对 V 求偏导，使其导数等于 0，就可以得到一个 V 的最优值；再固定 V，对 U 求偏导，使其导数等于 0，就可以得到一个 U 的最优值；通过交替固定 U 和 V，反复迭代，不断更新直到均方根误差收敛[53]。

4.2.3 因子分解机模型

为了排序，推荐模型仅使用用户的行为特征是不够的，还需要使用所有用户、物品和"上下文"等各维度的特征。逻辑回归模型能够融合各种类型的不同特征，但不具备特征交叉的能力，表达能力有限，甚至会得出错误的结论。在逻辑回归的基础上，因子分解机[54]加入了二阶特征交叉的部分，提供了针对一个或一群样本的"局部特征重要性"。

例如，使用"性别"和"电影类型"两个特征的交叉特征"性别+电影类型"，对应"男性+武打片""女性+爱情片"这类属性值，更准确地描述了不同性别对不同电影类型的偏好程度。

同时，类别型的特征通过 one-hot 编码的方式转化为向量形式，不可避免地造成特征向量中存在大量数值为 0 的特征维度，从而造成了数据稀疏。因子分解机引入了矩阵分解中隐向量的思想，利用交叉特征生成隐因子。因为对出现过的物品，都可以通过分别训练再进行点乘得到结果，所以与依赖于同时出现的协同过滤相比，因子分解机更适用于稀疏数据。因子分解机模型可以表示为

$$f(\boldsymbol{x}) = w_0 + \sum_{i=1}^{n} w_i x_i + \sum_{i=1}^{n} \sum_{j=i+1}^{n} \langle \boldsymbol{v}_i, \boldsymbol{v}_j \rangle x_i x_j \quad (4\text{-}2\text{-}6)$$

式中，x_i 和 x_j 为第 i 个和第 j 个特征，$w_0 \in \mathbf{R}$ 为全局偏置项，$w_i \in \mathbf{R}^n$ 为第 i 个特征 x_i 对应的权重。$w_{i,j} = \langle \boldsymbol{v}_i, \boldsymbol{v}_j \rangle$ 是特征 x_i 和 x_j 交叉的权重，其中 $\boldsymbol{v}_i \in \mathbf{R}^k$ 为第 i 个特征 x_i 对应的 k 维隐向量，$k \in \mathbf{N}$。隐向量间的内积运算定义为 $\langle \boldsymbol{v}_i, \boldsymbol{v}_j \rangle := \sum_{f=1}^{k} v_{i,f} \cdot v_{j,f}$。

将式（4-2-6）的二阶交叉特征部分进行推导化简，可得

$$\begin{aligned}
&\sum_{i=1}^{n} \sum_{j=i+1}^{n} \langle \boldsymbol{v}_i, \boldsymbol{v}_j \rangle x_i x_j \\
&= \frac{1}{2} \sum_{i=1}^{n} \sum_{j=1}^{n} \langle \boldsymbol{v}_i, \boldsymbol{v}_j \rangle x_i x_j - \frac{1}{2} \sum_{i=1}^{n} \langle \boldsymbol{v}_i, \boldsymbol{v}_i \rangle x_i x_i \\
&= \frac{1}{2} \left(\sum_{i=1}^{n} \sum_{j=1}^{n} \sum_{f=1}^{k} v_{i,f} v_{j,f} x_i x_j - \sum_{i=1}^{n} \sum_{f=1}^{k} v_{i,f} v_{i,f} x_i x_i \right) \\
&= \frac{1}{2} \sum_{f=1}^{k} \left(\left(\sum_{i=1}^{n} v_{i,f} x_i \right) \left(\sum_{j=1}^{n} v_{j,f} x_j \right) - \sum_{i=1}^{n} \sum_{f=1}^{k} v_{i,f}^2 x_i^2 \right) \\
&= \frac{1}{2} \sum_{f=1}^{k} \left(\left(\sum_{i=1}^{n} v_{i,f} x_i \right)^2 - \sum_{i=1}^{n} \sum_{f=1}^{k} v_{i,f}^2 x_i^2 \right)
\end{aligned} \quad (4\text{-}2\text{-}7)$$

由此因子分解机的权重参数数目由 n^2 个减少为 $nk(k \ll n)$ 个。在得到 $f(\boldsymbol{x})$ 后，与样本的标签（即是否点击）计算二值交叉熵。根据 SGD 进行训练，训练的复杂度也降为 nk 级别，对各项计算梯度得

$$\nabla_\theta f(\boldsymbol{x}) = \begin{cases} 1, & \text{if } \theta = w_0 \\ x_i, & \text{if } \theta = w_i \\ x_i \sum_{j=1}^{n} v_{j,f} x_j - v_{i,f} x_i^2, & \text{if } \theta = v_{i,f} \end{cases} \quad (4\text{-}2\text{-}8)$$

求和部分 $\sum_{j=1}^{n} v_{j,f} x_j$ 独立于 i，因此可以提前计算出来，根据梯度公式进行逐步迭代优化最终可以得到各特征的一阶权重和隐向量。

4.3 联邦推荐系统算法

对于推荐系统来说，用户、物品和用户行为数据是推荐系统的基础。但是与众多其他行业一样，关于同一主题的用户行为可能分散在多个平台之上，而平台间的数据无法自由交换，这直接影响个性化推荐的效果，尤其对于新晋平台的影响更明显。目前，无论是采用冷启动的方法，还是采用问卷调查的方式预先了解用户喜好，都无法很好地解决数据缺失问题。但是联邦学习在保证数据安全性和个人隐私的同时，能够让历史数据的资产价值最大化，从而提高推荐服务的质量。

4.3.1 联邦推荐算法的隐私保护

在联邦推荐系统中有两种常用的隐私保护方法：模糊法（Obfuscation-based Methods）和加密法（Encryption-based Methods）。

模糊法是在将用户偏好的原始数据上传到中央服务器之前，对其进行模糊处理，在一定程度上保护了数据隐私（如差异隐私）。模糊法的问题在于，对数据的模糊会影响最终获得的隐属性向量的预测能力。因此，在使用这类方法时通常需要在隐私保护和模型预测效果之间进行权衡。

加密法则采用加密方案（如同态加密等），通过对原始数据进行加密来实现隐私保护。加密法不需要牺牲预测能力来保护隐私，但通常需要第三方加密服务提供商的参与。在实际操作场景中，要找到这样的提供商并不容易，并且要保证第三方加密服务提供商与推荐服务器之间不存在涉及泄露用户隐私的私下交易。

为了弥补上述两种方法的缺陷，联邦推荐系统采用分布式机器学习结合同态加密的方法。联邦推荐系统的每个参与方都在本地计算自己的模型梯度，然后将梯度（而非原始数据）进行同态加密并上传到服务器进行训练。由于不需要对原始数据进行模糊处理，因此不会损失预测精度。同时，每个用户的设备都可以处理安全梯度计算任务，不需要第三方加密服务提供商的参与。

4.3.2 联邦推荐系统的分类

推荐系统要发挥作用，首先依赖于用户、物品和用户行为三个方面的数据特征。根据不同推荐系统之间物品和用户信息的共享情况，可以将联邦推荐系统分为横向联邦推荐系统和纵向联邦推荐系统。

横向联邦推荐系统：各参与方具有很多相同或相似的物品，但基础用户有差异，所以可以看作基于物品的联邦推荐系统（如图 4-3-1 所示）。

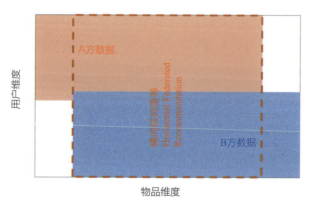

图 4-3-1　横向联邦推荐系统的数据分布[55]

纵向联邦推荐系统：各参与方具有很多相同或相似的用户，但是推荐物品不同，所以可以看作基于用户的联邦推荐系统（如图 4-3-2 所示）[55]。

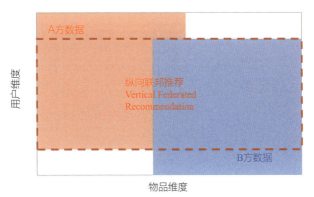

图 4-3-2　纵向联邦推荐系统的数据分布[55]

4.3.3　横向联邦推荐系统

在横向联邦推荐系统中，共包含两类参与方，即数据拥有方和第三方服务器。数据拥有方拥有用户对物品的评分。

假设 $A_1, A_2, \cdots, A_n$ 是 n 个数据拥有方，它们拥有不同的用户群体及相同的物品。例如，对于不同的电影推荐系统来说，它们要推荐的物品是相同的，都是近期上映的所有电影，但不同系统的用户群体是不同的（如图 4-3-3 所示）。部分用户会出于优惠活动等因素的考量使用多个电影推荐系统，但大多数用户只会在一个电影推荐系统中选片、购票和写影评。因此，不同的推荐系统只会有少部分重叠用户群。在这样的场景中，$A_1, A_2, \cdots, A_n$ 就可以通过横向联邦推荐系统来丰富模型训练数据，获得更多用户与物品间的互动信息，从而增强模型的精确度，提升推荐的效果。

图 4-3-3　不同用户在不同推荐系统中对电影的评分数据[55]

1. 横向矩阵分解

横向矩阵分解（Homogeneous Matrix Factorization，HomoMF），顾名思义，即采用 MF 算法的横向联邦推荐。以两方 HomoMF 为例，A、B 双方的评分矩阵和全局数据如图 4-3-4 所示。各数据拥有方都可以基于本地的样本数据进行矩阵分解，获得各自的用户隐属性矩阵（User-profile）u_i 及物品隐属性矩阵（Item-profile）v_i，如图 4-3-5 所示。服务器作为诚实但好奇（honest but curious）的第三方，负责统一汇总、存储并更新物品隐属性矩阵。数据拥有方通过解密从第三方服务器中获取最新的物品隐属性矩阵及本地拥有的用户隐属性矩阵来预测每个本地用户对物品的评分 $\langle u_i, v_i \rangle$，从而向用户进行推荐[55]。

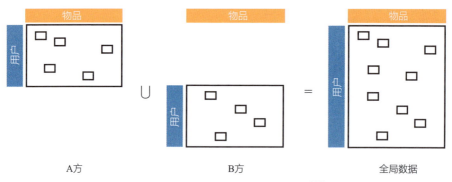

图 4-3-4　HomoMF 数据分布示意图[53]

HomoMF 的训练过程如图 4-3-6 所示。

（1）数据初始化。

- 第三方服务器初始化物品隐属性矩阵 V 并加密，获得密文成为 C_V。
- 数据拥有方初始化用户隐属性矩阵 $u_1, u_2, \cdots, u_n$。

（2）对于第 t 次迭代，数据拥有方从服务器中获取经过加密的物品隐属性矩阵 C_V^{t-1}，并通过解密获得 V^{t-1}。

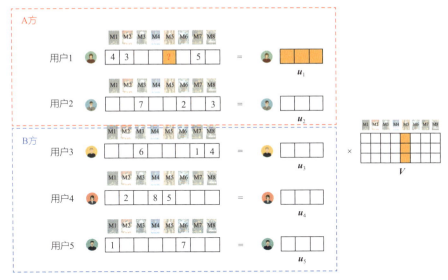

图 4-3-5 HomoMF 矩阵分解示意图

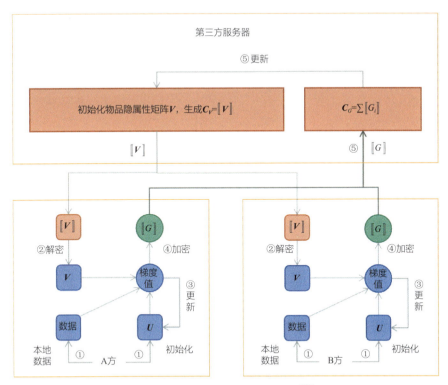

图 4-3-6 HomoMF 的训练过程[56]

第 4 章 基于联邦学习的推荐系统 | 073

（3）计算梯度 $G_i^t = \gamma \nabla_{u_i} F(U^{t-1}, V^{t-1})$ ［见式（4-2-2）］，并更新本地的用户隐属性矩阵 $u_i^t = u_i^{t-1} - \gamma \nabla_{u_i} F(U^{t-1}, V^{t-1})$。

（4）数据拥有方对本地计算出的梯度进行加密得到 $C_{G_i}^t$，并将其传输给第三方服务器。

（5）第三方服务器汇集所有的梯度 $C_{G_1}^t, C_{G_2}^t, \cdots, C_{G_n}^t$，并更新物品隐属性矩阵 $C_V^t = C_V^{t-1} - C_{G_i}^t$，更新后的物品隐属性矩阵 C_V^t 将对所有数据拥有方开放，用于下一次迭代。

（6）重复步骤（2）～步骤（5），直至达到最大迭代次数或目标函数变化量小于阈值。

2. 横向因子分解机

在 4.2 节中介绍过，因子分解机是一种结合二阶交叉特征的有监督学习方法。联邦因子分解机（Federated Factorization Machine）则基于加密的方法计算多个参与方的交叉特征及其梯度。

横向因子分解机（Homogeneous Factorization Machine, HomoFM）的数据分布与 HomoMF 类似。数据拥有方 A 方与 B 方各自拥有相同的数据结构、用户特征，以及具有相同结构的本地模型，第三方服务器（协调者）负责聚合各方上传的加密参数，并将聚合后的参数传递回各参与方。各参与方用聚合后的参数更新本地模型。与传统 FM 相似，当模型收敛或整个训练过程达到预定的最大迭代阈值时，训练过程停止（具体流程可参照 GitHub 中 FATE 官方发布的"Federated Factorization Machine"部分内容）。

具体训练过程如图 4-3-7 所示。

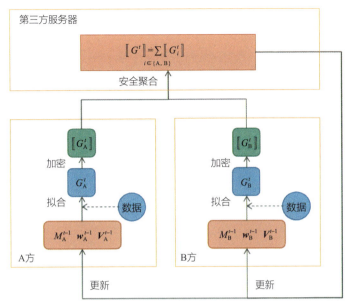

图 4-3-7 HomoFM 的训练过程

（1）在第 t 次迭代中，数据拥有方根据己方的样本数据和 $t-1$ 步本地模型参数训练本地 FM 模型，得到新的模型梯度 $G_{w,i}^t, G_{V,i}^t$［详见式（4-2-8）］，其中 $i \in \{A, B\}$。

（2）数据拥有方将各自的模型梯度进行加密，并将加密后的梯度 $[\![G_{w,i}^t]\!], [\![G_{V,i}^t]\!] (i \in \{A, B\})$ 上传给第三方服务器。

（3）第三方服务器将这些梯度进行安全聚合，得到联邦梯度 $[\![G_w^t]\!] = \sum_i [\![G_{w,i}^t]\!]$，$[\![G_V^t]\!] = \sum_i [\![G_{V,i}^t]\!]$，并将这些梯度发回给 A 方和 B 方。

（4）A, B 双方对收到的参数进行解密，并使用解密后的参数更新其本地模型参数 $w_i^t, V_i^t, (i \in \{A, B\})$。

（5）重复步骤（1）~步骤（4），直至模型收敛或整个训练过程达到预定的最大迭代阈值。

第 4 章　基于联邦学习的推荐系统　｜　075

4.3.4 纵向联邦推荐系统

1. 纵向矩阵分解

1）数据分布

在纵向联邦矩阵分解（Heterogeneous Matrix Factorization，HeteroMF）中，同样包含两类参与方，即数据拥有方和第三方服务器。数据拥有方拥有用户对物品的评分。

假设 A 方和 B 方是两个数据拥有方，它们拥有相同的用户群体（User）及不同的物品（Item）。以书籍推荐系统和电影推荐系统为例（如图 4-3-8 所示），这两类推荐系统面对的用户在很大程度上是相互重叠的，且这两类系统的用户偏好也十分近似。例如，喜欢看恐怖小说的人大多都喜欢看恐怖电影，而常看科幻电影的人也看过不少科幻小说（如图 4-3-9 所示）。在这样的场景下，A、B 双方就可以通过 HeteroMF 来丰富模型训练数据，获得更多用户与物品间的互动信息，从而增强模型的精确度，提升模型的推荐效果。

图 4-3-8　相同用户与不同物品的交互行为

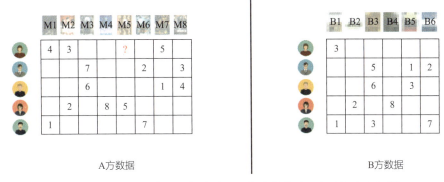

图 4-3-9 相同用户在电影推荐系统和书籍推荐系统中的评分数据[55]

在 HeteroMF 中，A、B 双方的评分矩阵和全局数据如图 4-3-10 所示。从图 4-3-10 中可以看出，其实 HeteroMF 与 HomoMF 的数据分布非常相似。各数据拥有方都可以基于本地的数据进行矩阵分解并获得各自的用户隐属性矩阵 u_i 及物品隐属性矩阵 v_i，如图 4-3-11 所示。第三方服务器统一汇总、存储并更新用户隐属性矩阵。数据拥有方通过解密从第三方服务器中获取最新的用户隐属性矩阵及本地拥有的物品隐属性矩阵来预测本地用户对物品的评分 $\langle u_i, v_i \rangle$，从而对用户进行推荐。

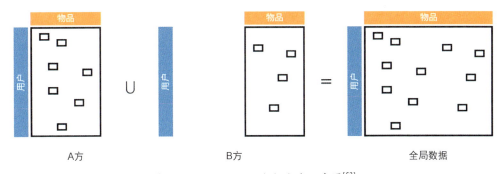

图 4-3-10 HeteroMF 数据分布示意图[53]

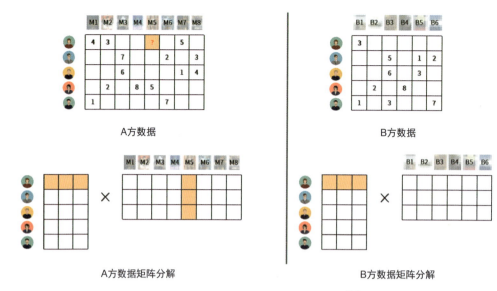

图 4-3-11 HeteroMF 矩阵分解示意图[56]

2）模型训练步骤

HeteroMF 的具体训练过程如图 4-3-12 所示（以基于 SGD 的 MF 算法为例）：

（1）数据初始化。

① 第三方服务器初始化用户隐属性矩阵 U 并加密，获得密文成为 C_U。

② 数据拥有方初始化物品隐属性矩阵 $v_1, v_2, \cdots, v_n$。

③ 矩阵分解目标函数如下，参考式（4-2-1）

$$\min \frac{1}{s}\left[\sum_{(i,j)\in S}(r_{i,j}-\langle u_i, v_j^A\rangle)^2 + \sum_{(i,j)\in S}(r_{i,j}-\langle u_i, v_j^B\rangle)^2\right] + \lambda\|u\|_2^2 + \mu(\|v^A\|_2^2 + \|v^B\|_2^2)$$

（2）对于第 t 次迭代，数据拥有方从服务器中获取经过加密的用户隐属性矩阵 C_U^{t-1}，并通过解密获得 U^{t-1}。

（3）计算梯度 $G_i^t = \gamma \nabla_{v_i} F(U^{t-1}, V^{t-1})$，并更新本地的物品隐属性矩

$v_i^t = v_i^{t-1} - \gamma \nabla_{v_i} F(U^{t-1}, V^{t-1})$。

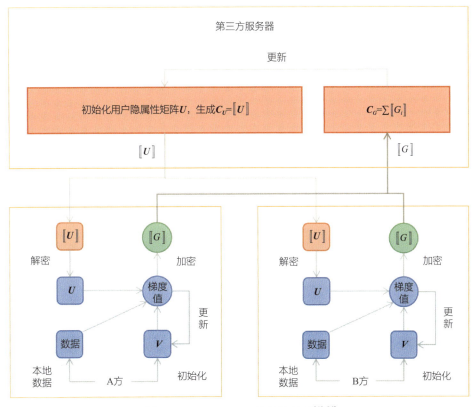

图 4-3-12 HeteroMF 的训练过程[43,56]

（4）数据拥有方对本地计算出的梯度进行加密得到 $C_{G_i}^t$，并将其传输给第三方服务器。

（5）第三方服务器汇集所有的梯度 $C_{G_1}^t, C_{G_2}^t, \cdots, C_{G_n}^t$，并更新用户的隐属性矩阵 $C_U^t = C_U^{t-1} - C_{G_1}^t - C_{G_2}^t - \cdots - C_{G_n}^t$，更新后的用户隐属性矩阵 C_U^t 将对所有数据拥有方开放，用于下一次迭代。

（6）重复步骤（2）～步骤（5），直至达到最大迭代次数或目标函数变化量小于阈值（具体流程可参照 GitHub 中 FATE 官方发布的 "matrix factorization" 部分内容）。

2. 纵向因子分解机

1）数据分布

纵向因子分解机（Heterogeneous Factorization Machine，HeteroFM）解决的问题场景与 HeteroMF 不完全相同。各参与方同样拥有相同用户，但此时各方拥有的用户特征不同。同样以电影推荐场景为例，如图 4-3-13 所示，A 方是一个电影推荐系统，拥有用户对电影的评分，以及评分的时间。B 方是一个社交平台，拥有这些用户之间的社交网络关系。C 方是运营商，拥有用户的地理位置信息等。在这种场景中，要想利用交叉特征进行建模，就需要采用 HeteroFM 的方法。

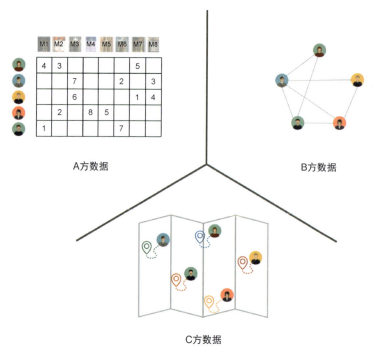

图 4-3-13　HeteroFM 各方数据情况

我们将 HeteroFM 的参与方简化为三方：A 方代表主人（Host），B 方代表客人（Guest），C 方是诚实但好奇的第三方协调者（Arbiter），负责生成私钥和公钥。如图 4-3-14 所示，A 方拥有用户对物品的评分及用户的部分特征，B 方拥有用户的部分辅助特征。HeteroFM 分别计算各参与方内部的交叉特征与跨参与方的交叉特征，并通过第三方进行安全聚合，从而在保护双方数据隐私的情况下利用双方特征提升模型的推荐效果。

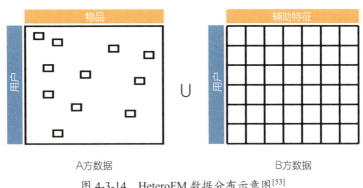

图 4-3-14　HeteroFM 数据分布示意图[53]

2）HeteroFM 的预测模型及损失函数

HeteroFM 需要解决的主要问题是处理跨参与方的交叉特征。在 4.2 节中介绍过因子分解机的预测模型和损失函数。在联邦学习场景中，假设 A 方有 p 个训练样本，一条记录为一个样本；B 方有 q 个训练样本，以用户唯一标识（例如用户号）做区分，一个用户号对应一条记录，A、B 双方的样本数据使用用户号进行对齐。经过优化后，HeteroFM 的预测模型如式（4-3-1）所示。预测函数由 3 个部分组成：在 A 方和 B 方各自内部进行的特征交叉，以及 A 方和 B 方之间的特征交叉[43]。

$$f([X_p^{(A)}; X_q^{(B)}]) = f(X_p^{(A)}) + f(X_q^{(B)}) + \sum_{i,j} \left\langle v_i^{(A)}, v_j^{(B)} \right\rangle x_{p,i}^{(A)} x_{q,j}^{(B)}$$

$$= f(X_p^{(A)}) + f(X_q^{(B)}) + \sum_i \sum_j \sum_{f=1}^k v_{i,f}^{(A)} v_{j,f}^{(B)} x_{p,i}^{(A)} x_{q,j}^{(B)} \quad (4\text{-}3\text{-}1)$$

$$= f(X_p^{(A)}) + f(X_q^{(B)}) + \sum_{f=1}^k \left(\sum_i v_{i,f}^{(A)} x_{p,i}^{(A)} \right) \left(\sum_j v_{j,f}^{(B)} x_{q,j}^{(B)} \right)$$

式中，$X_p^{(A)}$ 为 A 方第 p 个样本数据；$X_q^{(B)}$ 为 B 方第 q 个样本数据（与 A 方用户号相同的样本数据）；$v_i^{(A)} \in \mathbf{R}^k$ 为 A 方第 i 个特征对应的 k 维隐向量；$v_j^{(B)} \in \mathbf{R}^k$ 为 B 方第 j 个特征对应的 k 维隐向量。

因子分解机的损失函数在联邦学习场景中则如式（4-3-2）所示。

$$\begin{aligned} & l([W^{(A)}; W^{(B)}], [V^{(A)}; V^{(B)}]) \\ & = \frac{1}{2n^{(A)}} \sum_{p=1}^{n^{(A)}} (y_p - f([X_p^{(A)}; X_q^{(B)}]))^2 + \frac{\alpha}{2} \Omega([W^{(A)}; W^{(B)}], [V^{(A)}; V^{(B)}]) \end{aligned} \quad (4\text{-}3\text{-}2)$$

式中，y_p 为 A 方第 p 个样本的评分；α 为超参数；Ω 为正则化项；$W^{(A)}$、$W^{(B)}$ 分别为参数 $w_i^{(A)}$ 和 $w_j^{(B)}$ 构成的向量；$V^{(A)}$、$V^{(B)}$ 分别为向量 $v_i^{(A)}$ 和 $v_j^{(B)}$ 构成的矩阵；$w_i^{(A)}$ 为 A 方第 i 个特征在函数 $f(\cdot)$ 中训练出的权重 w（函数 $f(\cdot)$ 详见式（4-2-6）；$w_j^{(B)}$ 为 B 方第 j 个特征在函数 $f(\cdot)$ 中训练出的权重 w。

3）模型训练过程

HeteroFM 的模型训练过程如图 4-3-15 所示。

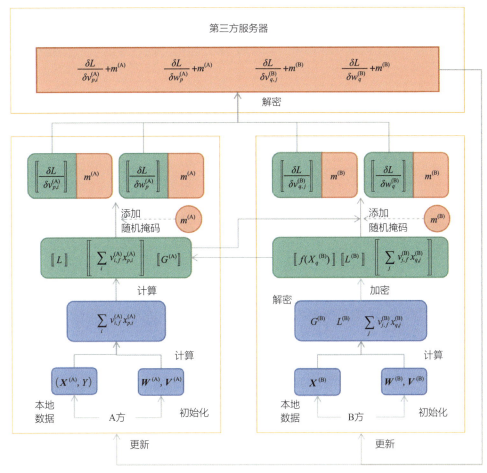

图 4-3-15　HeteroFM 的训练过程[55]

（1）数据拥有方 A 方和 B 方分别初始化各自的模型，生成初始模型的参数 **W**,**V**。

（2）在每轮迭代中都进行以下操作。

① B 方基于自己的本地数据和参数模型计算部分预测值和部分损失值，并将结果进行同态加密发送给 A 方。

② A 方基于自己的本地模型和数据计算部分预测值，也进行同态加密，结

合 B 方同态加密后的指标结果，加密计算出对应的预测值，并结合训练集中的评分数据带入损失函数计算梯度，最后将 B 方用到的部分梯度和损失函数传回 B 方。

③ B 方接收 A 方发来的数据后计算己方梯度。

④ A 方和 B 方在完成梯度计算后，分别将结果通过随机掩码进行加密，并将加密后的结果发送给第三方服务器。

⑤ 第三方服务器对同态加密结果进行解密，并汇总梯度发回给 A 方和 B 方。

⑥ A 方和 B 方从收到的梯度结果中去除自己的随机掩码，更新本地模型。

（3）训练过程不断循环步骤（2），直至模型收敛或达到最大的迭代次数。

4）模型预测过程

经过模型训练后，基于学习出的模型对新样本的评分预测时同样需要 A 方和 B 方共同参与，预测的过程如图 4-3-16 所示。

（1）A 方和 B 方基于本地模型和特征值计算各自的原始特征和特征交叉结果 $w_0^{(A)} + \sum_i w_i^{(A)} x_i^{(A)}$, $\sum_{i,j,i<j} \left(v_i^{(A)}, v_j^{(A)}\right) x_{p,i}^{(A)} x_{p,j}^{(A)}$, $w_0^{(B)} + \sum_i w_i^{(B)} x_i^{(B)}$, $\sum_{i,j,i<j} \left(v_i^{(B)}, v_j^{(B)}\right) x_{q,i}^{(B)} x_{q,j}^{(B)}$, 以及跨合作方的特征交叉结果中与各自相关的部分 $\sum_i v_{i,f}^{(A)} x_{p,i}^{(A)}$, $\sum_j v_{j,f}^{(B)} x_{q,j}^{(B)}$, 并加密发送给第三方服务器。

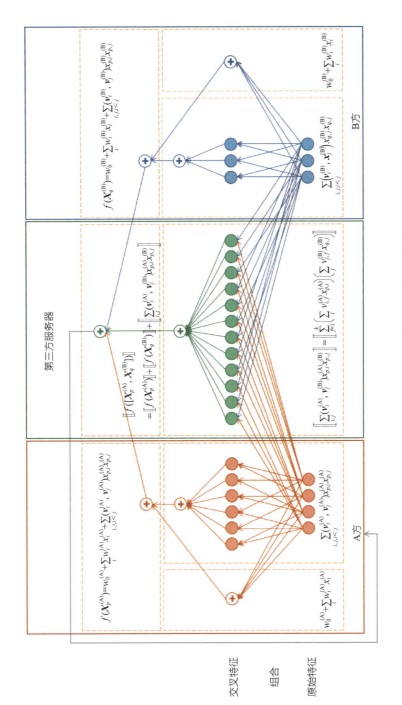

图 4-3-16 HeteroFM模型预测过程示意图

（2）第三方服务器汇总加密结果进行加和，计算得到模型最终预测结果 $[\![f([X_p^{(A)}; X_q^{(B)}])]\!]$。

（3）第三方服务器将最终预测结果发送给 A 方，A 方经过解密后即可使用。

第 5 章
联邦学习应用之数据要素价值

5.1 联邦学习贡献度

5.1.1 背景介绍

联邦学习系统在满足数据隐私安全和监管的要求下，使得多个参与方联合数据建立共有的模型，并且共同分享收益。对于整个联邦系统来说，当有更多的参与方贡献样本案例或者特征时，将有助于提升模型效果。为了鼓励更多的数据方积极参与其中，制定一种公平公正的联邦收益分配机制是联邦学习顺利落地和扩大影响力的关键。联邦学习的目标是数据价值的联合，传统的通过数据量来衡量各参与方贡献的方式，在数据不能交换的情形下，已经不能令其他参与方满意，因为某一方的数据可能并没有对建模产生帮助，或者产生的贡献很小。收益分配需要通过其他合理化的方式进行。一种建模视角的分配方式，可以通过计算参与方对模型性能的贡献来决定。横向联邦学习使用缺失法计算各方贡献，纵向联邦学习使用 Shapley 值计算各方贡献，下面将详细介绍这两种方法。

5.1.2 基于缺失法的贡献度计算

对于横向联邦学习来说，各参与方的数据特征重合而用户不重合，即参与方可以独自进行建模，联邦的优势是加入了更多的样本类型，使得模型效果更鲁棒和更好。用缺失法则可以识别各参与方贡献样本的重要性，具体的做法是从训练样本中删除来自某实例的样本后重新训练模型并测算新模型的预测效果较之前有多少变化[57]。假设评估第 i 个实例对模型预测结果的影响，其值可表示如下

$$\phi^{-i} = \frac{1}{n}\sum_{j=1}^{n}|\hat{y}_j - \hat{y}_j^{-i}|$$

式中，n 为样本量大小；$\hat{y}_j$ 为第 j 个实例的预测结果；$\hat{y}_j^{-i}$ 为当第 i 个实例被忽略时新模型的预测结果。在横向联邦时，假设该参与方贡献的数据集合为 D，则其对模型的影响可定义为

$$\phi^{-D} = \sum_{i \in D}\phi^{-i}$$

这里使用近似估计来实现，算法逻辑如下。

算法 1： 近似估计对横向联邦中每个参与方的影响

输入：

参与方数量：K，模型：f

样本实例子集：$D_1, D_2, \cdots, D_K$

输出：

每个样本实例对模型的影响 ϕ^{-D_K} 对于 $k = 1, 2, \cdots, K$

开始循环 for $k = 1, 2, \cdots, K$

    从全量训练样本中删除数据集合 D_K

    重新训练模型 f'

> 计算影响 $\phi^{-D_K} = \dfrac{1}{n}\sum_{j=1}^{n}\left|\hat{y}_j - \hat{y}_j^{-D_K}\right|$
>
> 结束循环
>
> 返回各参与方的 ϕ^{-D_K}

5.1.3 基于Shapley值的贡献度计算

对于纵向联邦学习来说，在训练模型时各参与方的数据特征不完全相同而用户相同，各参与方的贡献度可以通过计算各自特征对模型输出的贡献进行量化。下面先介绍如何度量单一特征的贡献，然后把计算逻辑扩展到多维特征的情况[58]。

我们通常比较关心在具体的样本中每个特征如何影响模型的预测。对于线性模型来说，

$$\hat{f}(x) = \beta_0 + \beta_1 x_1 + \cdots + \beta_p x_p$$

式中，β_i 为模型系数；x_j 为特征变量 X_j 的样本取值。对于每个 $x_j(j=1,2,\cdots,p)$，定义第 j 个特征对样本预测的贡献为 ϕ_j，即

$$\phi_j(\hat{f}) = \beta_j x_j - E(\beta_j X_j) = \beta_j x_j - \beta_j E(X_j)$$

式中，$E(\beta_j X_j)$ 为特征变量 X_j 的预测效应估计的均值。贡献是特征效应和平均效应的差值，贡献值可能为负。不限于线性模型，一般的机器学习模型都可以利用基于Shapley值的相似方法计算特征贡献。

Shapley值来源于联盟博弈论，它提供了如何在特征之间公平地分配总贡献的方案。对于具体实例的特征变量 x_j，其 Shapley 值是该特征在所有可能的特征组合上对总预测贡献的加权和，即

$$\phi_j = \sum_{S \subseteq \{x_1, x_2, \ldots, x_p\} \setminus \{x_j\}} \frac{|S|!(p-|S|-1)!}{p!} (\mathrm{val}(S \cup \{x_j\}) - \mathrm{val}(S))$$

式中，p 为模型训练中所有特征的个数；S 为模型使用的特征构成的集合的子集；x 为要解释的一个实例的特征变量；$\mathrm{val}_x(S)$ 为对特征子集 S 中特征取值贡献的预测。以树模型为例，$\mathrm{val}_x(S)$ 是只利用特征子集 S，根据树的结构、叶子节点的取值和叶子节点对应边的权重等计算出的贡献平均值。$\dfrac{|S|!(p-|S|-1)!}{p!}$ 是根据特征子集 S 中是否包含特征 x_j 的样本所计算的两者取值之差的权重。

Shapley 值分配策略满足以下 4 个性质，这也反映了其公平分配的定义：

- 效益性：所有特征的特征贡献之和等于预测值与其平均值的差。

- 对称性：若两个特征分别与任何相同组合联合后贡献相同，则这两个特征的特征值相同。

- 虚拟性（冗员性）：若将一个特征与任何特征组合联合都不会改变集合原有特征值的预测结果，则该特征的 Shapley 值为 0。

- 可加性：对于特征（组合）在集成模型的特征贡献，其值为该特征（组合）在单个模型中的特征贡献之和。也就是说，单个模型的特征贡献与其他模型都无关。例如，训练一个随机森林模型，其预测值是其中许多次策树的平均值，可加性保证了随机森林的特征的 Shapley 值为每棵决策树的 Shapley 值的均值。

在实际应用中，若要得出特征 j 精确的 Shapley 值，需对含有第 j 个特征和不含第 j 个特征的所有可能的特征组合进行估计。因此，当特征较多时这些特征组合的数量将呈现指数级增长，在工程实践中实现较为困难。为了解决这一问题，我们可以采用蒙特卡罗抽样的近似算法，即

$$\hat{\phi}_j = \frac{1}{M} \sum_{m=1}^{M} (\hat{f}(x_{+j}^m) - \hat{f}(x_{-j}^m))$$

式中，$\hat{f}(x_{+j}^m)$ 是 x_{+j}^m 的预测值，而 x_{+j}^m 是这样构造的：每次取随机数量的特征，除了特征 j 的值，其他特征值被来自随机选取的数据样本 z 的相应特征值替换。向量 x_{-j}^m 与 x_{+j}^m 几乎一致，与 x_{+j}^m 的不同仅是 j 的特征取值被随机选取的数据样本 z 的特征 j 取值所替换。其中，对单个特征的 Shapley 值的蒙特卡罗抽样近似计算过程见算法 2。

算法 2：对单个特征的 Shapley 值的蒙特卡罗抽样近似计算

输入

  迭代次数 M，数据 X，模型 f，特征，特征索引 i, j

输出

  第 i 个特征贡献的 Shapley 值

开始循环 for $m = 1, 2, \cdots, M$

从数据 X 中随机抽取实例 z，

生成特征的随机置换，

由此构建两个新实例：

有特征 j：$x_{+j} = (x_{(1)}, \ldots, x_{(j-1)}, x_{(j)}, z_{(j+1)}, \ldots, z_{(p)})$

没有特征 j：$x_{-j} = (x_{(1)}, \ldots, x_{(j-1)}, z_{(j)}, z_{(j+1)}, \ldots, z_{(p)})$

计算边际贡献：$\phi_j^m = \hat{f}(x_{+j}) - \hat{f}(x_{-j})$

结束循环

计算平均值作为 Shapley 值：$\phi_j(x) = \dfrac{1}{M} \sum\limits_{m=1}^{M} \phi_j^m$

上面简要阐述了横向和纵向联邦学习系统如何分别计算参与方的贡献,相应的计算方法适用于大部分机器学习模型,可以有效地量化参与方的贡献。此外,在未来的商业应用中,在考虑合作方贡献分配的同时,另一个挑战是评估联邦的代价成本,结合贡献和成本共同衡量各方的综合收益。

5.2 基于联邦学习的数据要素交易

5.2.1 数据要素交易的背景与现状

数据已经被国家认定为基础性战略资源和关键生产要素,是经济社会发展的基础性资源,也是新一轮科技创新的引擎。数字化转型是促进产业升级的关键因素,而要实现数字化转型,一个很重要的方面就是要实现数据资产的优化配置。然而,目前普遍存在的数据分布不均衡和"数据孤岛"问题,直接导致数据的巨大价值无法充分体现。

基于这样的情况,就自然而然地孕育了数据共享的巨大市场需求。当然,数据共享不是一蹴而就的。在数据共享的过程中,还有很多问题有待解决,包括数据确权、数据权利边界划分、权益分配规则不清晰,以及数据安全没有保障等。制定合理的数据共享规范,利用技术手段保障数据安全、解决数据确权和使用边界等问题,对于推动数据合法合规共享、金融行业高效和高质量发展,具有重要的现实意义。

数据共享的原动力是数据价值,既然涉及价值,就必然使共享过程伴随着数据作为要素的定价和交易过程。这样的定价和交易是实现数据共享的一种重要的模式,目前国内已经出现了数十家数据交易平台。

表 5-2-1 列举了一些国内影响力较大的数据交易平台[59]。可以看出,当前的数据交易平台主要有第三方数据交易平台和综合数据服务平台两种类型。其中,

第三方数据交易平台主要提供数据资产的交易、查询和需求发布等服务。综合数据服务平台在这些服务之外，还常常提供一些数据挖掘建模和模型在线运行等技术服务。数据交易平台的数据来源和领域覆盖得也比较广，数据来源包括政府公开的数据、数据提供方提供的数据、企业内部数据、网页爬虫数据、互联网开放数据等，领域涉及政务、经济、交通、通信、商业、农业、工业、环境、医疗等。提供数据服务或者产品的方式有 API、数据包、数据产品、数据定制服务、解决方案等。

表 5-2-1　国内影响力较大的数据交易平台

数据交易平台名称	启动时间	类型	数据来源	产品类型	涉及的主要领域
贵阳大数据交易所	2014 年 12 月	综合数据服务平台	政府公开的数据、企业内部数据、网页爬虫数据	API、数据包	政务、经济、教育、环境、法律、医疗、交通、商业、工业
陕西西咸新区大数据交易所	2015 年 08 月	综合数据服务平台	政府公开的数据、企业内部数据、数据提供方提供的数据、网页爬虫数据	API、数据包	政务、经济、人文、交通
武汉东湖大数据交易中心	2015 年 07 月	综合数据服务平台	政府公开的数据、企业内部数据	数据包、解决方案、云服务	政务、经济、环境、法律、医疗、人文、交通
华中大数据交易所	2015 年 11 月	第三方数据交易平台	数据提供方提供的数据	API、数据包	经济、教育、环境、医疗、交通、通信、农业
上海大数据交易所	2015 年 10 月	第三方数据交易平台	数据提供方提供的数据	数据包	政务、经济、人文、交通、商业
江苏大数据交易中心	2015 年 11 月	综合数据服务平台	政府公开的数据、数据提供方提供的数据、网页爬虫数据	API、数据包、数据定制服务、解决方案、数据产品	政务、教育、法律、医疗、人文、商业

续表

数据交易平台名称	启动时间	类型	数据来源	产品类型	涉及的主要领域
数据堂	2011年	综合数据服务平台	政府公开的数据、企业内部数据、数据提供方提供的数据、网页爬虫数据	数据包、数据定制服务、数据产品	环境、地理、人文、交通
数多多	2013年	综合数据服务平台	网页爬虫数据	数据包、数据定制服务	经济、教育、人文、商业
中关村数海大数据交易平台	2014年2月	第三方数据交易平台	数据提供方提供的数据	API	政务、经济、教育、环境、医疗、交通
发源地	2015年9月	第三方数据交易平台	数据提供方提供的数据	API、数据包、采集规则	经济、教育、医疗、人文、交通、商业
贵州数据宝网络科技有限公司	2016年4月	综合数据服务平台	政府公开的数据、数据提供方提供的数据	API、解决方案	经济、法律、交通、通信、商业
阿里云API市场	2016年	综合数据服务平台	政府公开的数据、数据提供方提供的数据、合作伙伴的数据	API、数据应用、数据定制服务、解决方案	交通地理，电子商务及金融理财类，生活服务及人工智能
京东万象	2016年	综合数据服务平台	企业内部数据、数据提供方提供的数据、合作伙伴的数据	API、数据包、数据定制服务、解决方案、数据产品	经济、人文、交通、人工智能、商业
数粮大数据交易平台	2016年7月	第三方数据交易平台	数据提供方提供的数据	API、数据包、数据定制服务	经济、教育、环境、医疗、人文、交通、通信、商业、农业、工业
聚合数据	2018年	综合数据服务平台	企业内部数据、网页爬虫数据、互联网开放数据	API、数据定制服务、解决方案、数据产品	经济、人文、地理、交通、人工智能

这些数据交易平台在一定程度上促进了数据的有效流通，为数据需求方和提供方提供了交互平台。随着数据安全和个人信息保护方面监管日趋严格，数据交易平台面临着全新的外部环境，需要通过新技术和新方法实现"数据可用不可见，

数据不动价值动",提高数据安全性,明确责任和权益,从而构建支持跨机构、跨市场、跨领域的数据安全共享的新模式。

5.2.2 基于联邦学习的交易机制构建

联邦学习提供了数据不出所有方域、数据联合进行模型训练、数据价值联合创造的解决方案。5.1 节介绍了在联邦学习框架下,度量数据贡献度的方法。在此基础上,可以尝试构建新型的数据交易机制,进而构建新型的数据要素交易平台。

任何产品和资产要想进入交易环节,首要的问题都是如何制定定价策略,对数据的交易也必须解决这一问题。根据产品类型的不同,只有选择一种合理的定价方式,才能降低交易成本,促成交易实现,从而提高平台的交易量。定价理论的实践应用是非常复杂的。在数据资产市场中,这个问题会变得更为复杂,因其定价变量较多,定价策略较难选择。

按照传统资产的定价思路,如果有同类产品,那么最常用的方式是利用市场定价法,参考市场上同类产品的价格。如果没有参照产品,那么按照其所创造的价值评估。但数据资产不同于传统的实物资产,其带来的商业价值(例如,节省成本、带来收益、安全方面)很难衡量,并且同一份数据在不同的企业、不同的业务场景中差别可能非常大,但并不是只有充分市场化的资产才能定价。在数据要素交易的起步阶段,最初的定价方式不要求完美,只要能够为数据提供方找到简单的设置资产定价、快速出售且有利可图的方式,这就已经是可以接受的方式。

在传统资产交易定价的场景中,常见的定价方法包括成本与利润定价法、收益定价法、市场定价法、协议定价法、平台固定定价法和竞拍定价法等。在联邦学习框架下,基于贡献度的数据价值计算方法为收益定价法提供了技术基础。但是数据作为要素产品,有自身的特殊性,还需要结合交易模式一起设计定价方法。

区块链技术近年来受到广泛关注,被尝试用来构建各种新型的与交易相关的平台。图 5-2-1 展示了一种基于智能合约的数据交易流程。以 API 服务类的数据要素产品为例，用户在平台上用积分通证购买数据资产，基于区块链的智能合约会冻结用户的积分通证，同时提供数据资产使用权限。数据资产已经过智能合约校验，对相关信息上链存证。在这个实例中，在用户使用 API 服务的过程中，智能合约会自动统计相应的 API 访问量，在用户访问 API 并成功回调时，智能合约会按交易双方都接受的计量方式，自动转移用户的凭证，从而达到交易即清算、清算即交割的目的。

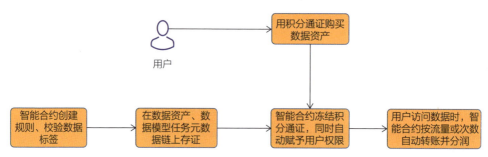

图 5-2-1　一种基于智能合约的数据交易流程

我们可以结合这样的交易机制，设计实现数据资产交割的双向交割机制，即卖方交割数据资产，同步冻结、交割买方的积分资产。之后，智能合约会根据数字签名检测交易者的身份信息，再根据链上记录的资产信息检测其有效性。不同数据资产的交割也可以选择不同的模式。数据产品的交割，一般主要通过用户按照符合服务提供方要求的输入格式调用 API，服务提供方输出相应的调用结果。源数据的交割一般与模型一起进行，因为源数据以数据价值的模式进行交易，而数据的价值是通过建模体现的，所以用户在选择某个或某几个源数据时，会对应地选择需要的模型进行建模，以一种交割即开始训练的形式进行。训练过程是基于联邦框架实现的，联邦学习以分布式机器学习的模式，可以支持多个数据提供方在数据不出各自域的情况下进行建模。在联邦机制下，利用隐私安全计算技术，各参与方的数据不发生转移，所以不存在影响数据规范的风险，也以有效的信息安全方式保证用户隐私不被泄露。联邦学习是一种在保护数据隐私、满足合法合规的要求下解决"数据孤岛"问题的有效措施。

数据共享已经引起各企业和政府的重视。实现跨部门、跨政府和企业间的数据共享对政府推动数据治理体系建设和实现我国数字经济发展具有重要的意义。另外，数据共享可以为企业降低经营成本，带来更多利益，且可以产生更多的商业模式和孵化更多具有竞争力的产品。新型的基于区块链技术和联邦学习的数据要素交易机制和平台，把数据共享以接口服务和模型训练的模式进行，并且克服了现有数据共享中可交易数据有限、隐私安全、溯源困难等问题。同时，这类数据要素交易机制和平台也为敏感数据和严监管数据的共享提供了途径，可以满足可监管、可审计的要求。

第 6 章
联邦学习平台搭建实践

6.1 联邦学习开源框架介绍

目前,已有多家公司开源了可以实现联邦学习的技术框架,在联合建模的过程中满足数据隐私保护的需求[60,61]。国外的主流开源框架有 OpenMined 社区的 PySyft 深度学习框架和 Google 的 TFF(TensorFlow Federated Framework)。在国内,微众银行面对"数据孤岛"、数据量不足、数据隐私需要保护等问题,推出了分布式安全计算开源框架——FATE(Federated AI Technology Enabler)框架[61]。百度在 PaddlePaddle 的基础上,提供了联邦学习开源框架——PaddleFL,这个框架能够帮助研究人员快速地复制和比较不同的联邦学习算法[61]。

截至 2021 年 2 月,Google 开源的 TFF 已更新至 V0.18.0,它基于 TensorFlow 2.4.0,可以实现分类、回归等任务,更好地支持横向联邦学习。TFF 支持将联邦学习算法整合到边缘设备(例如,手机)中,各边缘设备利用本地数据直接训练模型,中央服务器只收集训练后得到的模型参数,然后中央服务器聚合各边缘设备上传的模型参数。

PySyft 是一个安全深度学习框架,其作者主要来自 OpenMined 社区。这个框架提供了数值运算算子、安全加密算子和联邦学习算法,较好地支持在 PyTorch、TensorFlow 等主流深度学习框架中进行联邦学习。PySyft 框架对数据的所有权非常重视，其核心思想是引入被称为 Syfttenators 的抽象张量。这种抽象张量可以连接在一起，用于表示数据状态或数据转换。不过，该开源框架尚未提供高效的部署方案和 Serving 端的解决方案。因而，PySyft 定位于学习研究和原型开发工具。

百度的开源框架 PaddleFL 主要为深度学习设计，在自然语言处理、计算机视觉、推荐算法等多个领域中提供了相应的联邦学习策略及应用，同时支持横向及纵向两种模式的联邦学习任务。

微众银行的联邦学习开源框架 FATE，在 2020 年 11 月发布了长期稳定版本 V1.5.0，并于 2021 年 3 月更新至 V1.6.0。目前，FATE 开源社区是全球最大的联邦学习开源社区，FATE 开源框架不仅支持常见的横向联邦学习和纵向联邦学习，同时也支持联邦迁移学习[60]。在算法方面，FATE 提供了 30 多种联邦学习相关的算法组件，对逻辑回归（Logistic Regression，LR）、GBDT、深度神经网络（Deep Neural Networks，DNN）等主流算法完成了联邦学习适配，可以满足常规的商业应用场景建模的要求。在应用方面，FATE 提供了包含联邦特征工程、联邦模型训练、联邦模型评估和联邦在线推理等功能的一站式联邦建模解决方案，能更好地满足工业应用的需求。

综上所述，与其他联邦学习框架相比，微众银行的 FATE 开源框架具有联邦学习类型完整、特征工程及机器学习算法丰富、安全协议支持多样、拥有推理服务功能及支持多类部署方法且简单便捷的优势，具备企业级联邦学习平台的构建能力。因此，FATE 开源框架适合在联邦学习领域用于工业应用和技术创新。此外，针对联邦学习难以进行信息安全审计的问题，FATE 提出跨域交互信息管理方案，可以兼顾数据隐私安全和数据使用的需求，帮助多家机构进行联合建模，高效地挖掘数据价值。目前，中国光大集团利用 FATE 开源框架，推动联邦学习技术在信贷风控、客户营销、监管科技等多个业务场景中应用落地。

6.2 FATE架构与核心功能

2019年2月，微众银行开源FATE项目发布FATE V0.1，于2021年3月发布FATE V1.6.0。经过27个版本的迭代，FATE在性能、效率、稳定性和用户体验等方面都得到了大幅度提升。在发布FATE V1.4.0时，FATE的架构进行了比较大的重构，底层引擎切换到EggRoll 2.0，将各部分组件进行了更合理的拆分，增加了Cluster Manager组件单元和Node Manager组件单元，并将原来Proxy组件单元的功能整合到了RollSite组件中。这些变化为FATE开源框架的未来发展做了充足的准备。2020年11月微众银行发布的FATE V1.5.0（LTS）作为一个长期稳定版本，在功能、性能、稳定性和易用性方面有了更大幅度的提升，新增了包括纵向k-means、DataStatistic、评分卡等10多个新的算法功能，以及不经意传输协议。经过性能优化后，每台机器可支持使用千位特征的百万级样本联合建模，在30个节点纵向联合建模的情况下，训练100轮，每轮平均用时38秒。同时，FATE V1.5.0的核心调度能力和资源调度能力得到进一步升级，支持多组件并行，并且更灵活地支持了不同的计算引擎，下面将重点介绍FATE V1.5.0的总体架构与核心功能。

目前，FATE拥有大量的联邦化机器学习组件。例如，纵向和横向逻辑回归、Secure Boosting Tree等。FATE提供联邦建模任务生命周期管理功能，包括启动/停止、状态同步，以及联邦调度管理，提供有向无环图（Directed Acyclic Graph DAG）、Pipeline等多种调度策略，并能够实时跟踪训练状态（包括数据、参数、模型和指标等）、联邦模型管理（包括模型绑定、版本控制和模型部署等），提供HTTP API服务。

FATE V1.5.0的总体架构如图6-2-1所示。

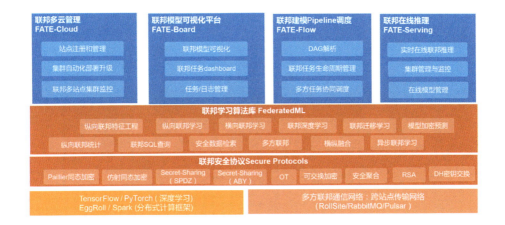

图 6-2-1　FATE V1.5.0 的总体架构

FATE 开源框架具有以下 5 个核心功能模块：负责联邦建模调度和管理的 FATE-Flow、负责联邦建模可视化功能的 FATE-Board、负责联邦学习在线推理服务的 FATE-Serving、负责提供联邦学习算法的 FederatedML、负责联邦站点多云管理的 FATE-Cloud。下面简要介绍各模块的主要功能。

FATE-Flow 为 FATE 提供了端到端联邦学习 Pipeline 调度和管理功能，主要包括使用 DAG 定义 Pipeline、联邦任务生命周期管理、联邦任务协同调度、联邦任务追踪、联邦模型管理等功能，实现了从联邦建模到生产服务一体化（如图 6-2-2 所示）。目前，FATE-Flow 支持使用 DAG 定义 Pipeline，具体使用 JSON 格式的 DSL 模块配置文件描述 DAG（参见图 6-2-3），并通过命令的模式实现从数据准备到模型训练，再到模型评估和部署的建模任务全流程管理。

图 6-2-2　一站式联邦学习 Pipeline

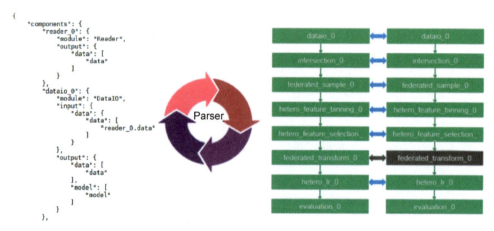

图 6-2-3　使用 JSON 格式的 DSL 模块配置文件描述 DAG，定义 Pipeline

FATE-Board 是联邦建模可视化工具，为终端用户提供模型训练全过程的可视化功能，跟踪、统计和监控模型训练全流程，提供相应的日志信息，便于用户度量训练状态（如图 6-2-4 所示）。FATE-Board 的主要功能包括以下几个。

（1）任务仪表盘展示任务运行过程随时间变化，包括任务运行时间、实时更新日志、每个组件的运行状态。

（2）支持任务可视化，提供任务状态全览，尽可能地可视化任务的结果。

图 6-2-4　FATE-Board 示例

（3）支持工作流可视化，帮助用户直观地跟踪任务的运行状态。联邦建模的各参与方可通过图表查看联邦建模状态。

（4）支持模型图表可视化，提供多种可视化方式，包括统计表、直方图、曲线等。

（5）支持数据可视化，可预览各组件的 100 行原始数据和预测数据。预测数据包括预测结果、预测分数和预测详细信息。

FATE-Serving 为 FATE 提供的联邦在线推理服务，具有高可用性、高性能、实时响应、生产级服务保护等特点，如图 6-2-5 所示。它的主要功能包括以下几个。

（1）在线预测。

（2）在线模型管理与监控。

（3）在线服务管理与监控。

（4）集群管理与监控。

（5）服务治理。

图 6-2-5　FATE-Serving

FederatedML 模块包含 FATE 框架下实现的联邦学习算法。其基于去耦的模块化方法开发，有较强的可扩展性，如图 6-2-6 所示。其主要功能包括以下几个。

图 6-2-6　FATE V1.5.0 算法清单

（1）数据输入输出：支持多种格式的数据上传。

（2）纵向联邦统计：包括隐私交集计算、并集计算、皮尔逊系数等。

（3）纵向联邦特征工程：支持联邦化的采样、特征分箱、特征选择、特征分区、独热编码等。

（4）纵向联邦学习算法：支持纵向的逻辑回归、线性回归、泊松回归、安全的增强树模型、神经网络（DNN/CNN/RNN）、迁移学习等。

（5）横向联邦学习算法：支持横向的逻辑回归、安全的增强树模型、安全聚合、神经网络（DNN/CNN/RNN）等。

（6）模型评估：支持二分类、多分类、回归等问题的联邦和单边对比评估。

（7）安全计算：提供了秘密分享、同态加密等多种安全协议，以便进行更安全的多方交互计算。

如图 6-2-7 和图 6-2-8 所示，FATE-Cloud 是构建和管理联邦数据合作网络的基础设施，为机构间、机构内部不同组织间提供了安全可靠、合规的数据合作网络构建解决方案，可以实现多客户端的云端管理。

图 6-2-7　FATE-Cloud 简介

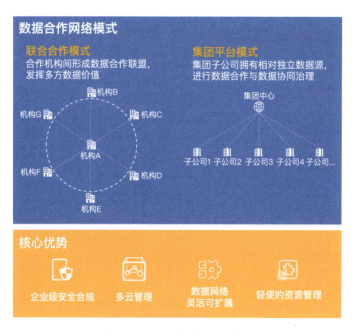

图 6-2-8　数据合作网络模式

6.3　金融控股集团联邦学习平台简介

中国光大集团具有金融全牌照、产融合作和陆港联动三大优势，围绕集团产业布局方向和行业环境变化，重点加强内外部协同、线上线下协同，推动业务创新、模式创新和产品创新。中国光大集团的 E-SBU（E-Strategic Business Units）生态圈战略建设，必须通过数据共享推动集团客户迁徙、交叉营销、产品创新和综合服务的协同发展。要想实现这些目标离不开集团数据的打通，但随着隐私保护等相关政策日趋严格，集团的内部数据呈现出碎片化和数据隔离的问题。联邦学习是可行的跨机构数据协同的实现方法，在保证数据隐私安全的前提下能够使多个机构协作学习共享模型，是中国光大集团 E-SBU 生态圈建设战略落地过程中的重要技术推手。中国光大集团搭建联邦学习平台旨在为整个集团设计一个安全的机器学习框架，在满足数据隐私安全和监管合规要求的基础之上，更加高效、准确地使用数据，解决人工智能系统面临的数据碎片化和"数据孤岛"等问题，推进集团数据共享进程，为集团数字化转型、E-SBU 生态圈建设战略落地提供数据能力支撑。

通过联邦学习平台的建设和模型的开发，中国光大集团可以在满足合规性要求和遵守个人隐私数据保护规范的前提下，一方面推进集团内外部数据共享治理，打造中国光大集团统一的、管理有序的数据信息流，另一方面聚焦智能风控、智能营销等关键领域，积极探索数据共享应用场景，通过数据挖掘提升业务价值。

中国光大集团致力于在成员企业之间基于联邦学习搭建分布式合规的数据中台，即在每个成员企业中部署 FATE 集群作为联邦学习的一个参与方节点（Party 节点）。成员企业之间的组网方式采用简捷的星型模式，即成员企业之间的通信通过集团提供的媒介中心交换（Exchange）节点进行互联。每个参与方节点需要配置路由表，利用本地的 RollSite 组件连接到集团中心交换节点上。当然，中心交换节点本质上也是中转节点，该节点仅需要一个 RollSite 组件提供服务即可，FATE 的其他组件可以不在此节点上部署。关于 RollSite 组件的路由表注意事项，在 6.4.5 节会进行详细的介绍。

在联合建模时，中国光大集团需要鼓励各业务部门和子公司支持数据整合，要能保证对数据交易过程有较强的管控措施，还需要通过机制激励数据拥有方保证数据的真实性和数据质量，鼓励数据使用方反馈使用情况或者使用需求，推动数据采集和加工的优化。所以，中国光大集团在进行联邦学习平台设计时引入了区块链技术。利用区块链技术，基于联邦学习平台进行多方共同建模，需要各方提供的客户标签或特征数据遵循统一的元数据规范要求，并且有完备的元数据描述信息，以确保模型的可解释性。同时，为了保证联合开发的公平性，对各方所提供的数据，如客户数、特征数和贡献等进行登记，参考经济学模型设计激励机制，作为未来计价付费或业务分润的参考。中国光大集团通过搭建区块链平台，利用区块链技术提升了数据可信度，增强了数据的可追溯性。中国光大集团的联邦学习架构如图 6-3-1 所示。

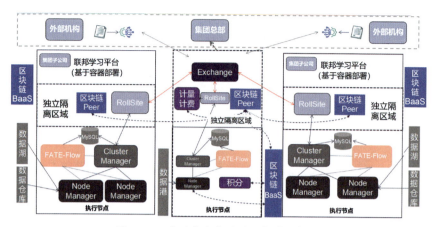

图 6-3-1　中国光大集团的联邦学习架构

6.4　FATE集群部署实践

FATE 是微众银行研发的分布式安全计算开源框架，目的是为联邦学习生态提供技术支持。FATE 利用多方安全计算及同态加密（HE）构建底层安全计算协议，在此基础上支持逻辑回归、基于树的算法、深度学习和迁移学习等多种机器学习算法的安全计算。截至 2020 年 11 月，FATE V1.5.0 支持在 Linux 或者 Mac 操作系统中，通过 Native 或 KubeFATE 部署 FATE 集群，下面将分别介绍这两种部署方式，并对部署过程中遇到的实际问题，结合实践中总结的经验进行特别说明。

1. Native 部署

Native 部署有两种方式，分别为单机部署和集群部署。单机部署适用于快速开发和 FATE 组件测试等场景，安装过程相对简单，具体步骤可参考 FATE 开源社区提供的单机部署指南。虽然单机部署通常用来进行测试，但是事实上在部署实践过程中，单机部署也可以用于部署单独的节点，之后在需要时增加配置信息即可将单独的节点加入整个集群中。在实际场景中，由于网络关系复杂，有时想要部署节点的多方之间网络环境并不相通，不便于直接使用集群部署多个节点，这时更适合采用先进行单机部署，再更改配置迁移到集群中的方式。

FATE 的集群部署，主要用于在多个 Party 节点中同时部署 FATE 集群，适用于大数据场景的分布式运行部署架构版本。FATE 把这种部署方式命名为 All-in-one，6.4.1 节将介绍 All-in-one 部署方式和实践经验[62]。

2. KubeFATE 部署

FATE 集群中包含的服务较多，而且不同的服务依赖于不同的配置，因此 FATE 存在一定的使用门槛。除此之外，多个服务之间存在相互依赖的情况，整个集群的可靠性受每一个服务的限制，因此 FATE 集群的运维面临一定的挑战。由于上述的问题存在，威睿和微众银行共同研发了 KubeFATE 项目，旨在降低联邦学习的使用门槛和运维成本。

KubeFATE 利用容器技术封装了 FATE，与传统的安装部署方式相比，KubeFATE 具有以下优点：

（1）使用简单，无须安装依赖软件包。

（2）配置方便，可复用配置文件部署多套集群。

（3）管理灵活，集群规模可依据需求增减。

（4）适用于云环境。

目前，KubeFATE 支持两种方式来部署和管理 FATE 集群，分别是面向测试开发场景的 Docker-Compose 方式[63]和面向生产场景的 Kubernetes[64]。Docker-Compose 部署方式仅依赖于 Docker 环境，适用于开发或测试场景。使用 Kubernetes 部署 FATE，可以更高效地部署容器化应用和快速实现水平扩展，便于在生产环境中部署或者大规模部署。

6.4.1　All-in-one 方式部署 FATE 集群[63]

1. 基础环境准备

（1）服务器资源，如表 6-4-1 所示。

表 6-4-1　服务器资源

数量	2
配置	8 核/16GB 内存 / 500GB 硬盘
操作系统	Red Hat Enterprise Linux Server release 7.5 （Maipo）
依赖包	（部署时自动安装）
用户	用户：app，用户组：apps（app 用户需具备 sudo 权限）
文件系统	（1）挂载点为/data 目录，磁盘空间为 500GB 以上。 （2）创建/data/project 目录，目录属于 apps 用户组的 app 用户

（2）集群规划。以 IP 地址 25.0.11.01 和 25.0.11.02 为例，如表 6-4-2 所示。

表 6-4-2　集群规划示例

party	主机名	IP 地址	操作系统	安装软件	服务
PartyA	VM_0_1_redhat	25.0.11.01	Red Hat Enterprise Linux Server release 7.5（Maipo）	FATE、EggRoll、MySQL	FATE-Flow、FATE-Board、Cluster Manager、Node Manager、RollSite、MySQL
PartyB	VM_0_2_redhat	25.0.11.02	Red Hat Enterprise Linux Server release 7.5（Maipo）	FATE、EggRoll、MySQL	FATE-Flow、FATE-Board、Cluster Manager、Node Manager、RollSite、MySQL

（3）部署组件说明，如表 6-4-3 所示。

表 6-4-3 组件说明

软件产品	组件	端口	说明
FATE	FATE-Flow	9360 9380	联邦学习任务流水线管理模块
FATE	FATE-Board	8080	联邦学习过程可视化模块
EggRoll	Cluster Manager	4670	Cluster Manager 管理集群
EggRoll	Node Manager	4671	Node Manager 管理每台机器资源
EggRoll	RollSite	9370	跨节点通信组件
MySQL	MySQL	3306	数据存储，Cluster Manager 和 FATE-Flow 依赖

2. 基础环境配置

（1）hostname 配置（可选）：修改主机名。这一步只是为了规范，在实际情况下不做也是可以的，以 25.0.11.01 root 和 25.0.11.02 root 用户为例，在目标服务器（IP 地址为 25.0.11.01）中用 root 用户身份执行：

```
hostnamectl set-hostname VM_0_1_redhat
```

在目标服务器（IP 地址为 25.0.11.02）中用 root 用户身份执行：

```
hostnamectl set-hostname VM_0_2_redhat
```

加入主机映射，在目标服务器（IP 地址为 25.0.11.01 和 25.0.11.02）中用 root 用户身份执行：

```
vim /etc/hosts
25.0.11.01 VM_0_1_centos
25.0.11.02 VM_0_2_centos
```

（2）关闭 selinux（可选）：在目标服务器（IP 地址为 25.0.11.01 和 25.0.11.02）中用 root 用户身份执行：

```
sed -i '/\^SELINUX/s/=.\*/=disabled/' /etc/selinux/config
setenforce 0
```

（3）解除 Linux 最大进程数和最大文件句柄打开数的限制：在目标服务器（IP 地址为 25.0.11.01 和 25.0.11.02）中用 root 用户身份执行：

```
1) vim /etc/security/limits.conf
* soft nofile 65535
* hard nofile 65535
2) vim /etc/security/limits.d/20-nproc.conf
* soft nproc unlimited
```

（4）关闭防火墙（可选）：在目标服务器（IP 地址为 25.0.11.01 和 25.0.11.02）中用 root 用户身份执行：

```
systemctl disable firewalld.service
systemctl stop firewalld.service
systemctl status firewalld.service
```

3. 软件运行系统环境初始化

软件运行系统环境初始化分别包含创建用户、配置 sudo 和配置 SSH（Secure Shell，安全外壳协议）免密登录。

（1）创建用户：在目标服务器（IP 地址为 25.0.11.01 和 25.0.11.02）中用 root 用户身份执行：

```
groupadd -g 6000 apps
    useradd -s /bin/bash -g apps -d /home/app app
    passwd app
```

（2）配置 sudo：在目标服务器（IP 地址为 25.0.11.01 和 25.0.11.02）中用 root

用户身份执行：

```
vim /etc/sudoers.d/app
app ALL=(ALL) ALL
app ALL=(ALL) NOPASSWD: ALL
Defaults !env_reset
```

（3）配置 SSH 免密登录，具体操作如下。

首先，在目标服务器（IP 地址为 25.0.11.01 和 25.0.11.02）中用 app 用户身份执行：

```
su app
ssh-keygen -t rsa
cat ~/.ssh/id_rsa.pub >> /home/app/.ssh/authorized_keys
chmod 600 ~/.ssh/authorized_keys
```

然后，合并 id_rsa_pub 文件，在目标服务器（IP 地址为 25.0.11.01）中用 app 用户身份执行：

```
scp ~/.ssh/authorized_keys app@25.0.11.02:/home/app/.ssh
```

将目标服务器（IP 地址为 25.0.11.01）中的 authorized_keys 文件拷贝到目标服务器（IP 地址为 25.0.11.02）的~/.ssh 目录下。

在目标服务器（IP 地址为 25.0.11.02）中用 app 用户身份执行：

```
cat ~/.ssh/id_rsa.pub >> /home/app/.ssh/authorized_keys
scp ~/.ssh/authorized_keys app@25.0.11.01:/home/app/.ssh
```

将目标服务器（IP 地址为 25.0.11.02）的 id_rsa.pub 文件中的内容写入该服务器的 authorized_keys 文件中，再把修改好的 authorized_keys 文件拷贝到目标服务器（IP 地址为 25.0.11.01）的/home/app/.ssh 目录下，并覆盖之前的文件。

最后，在目标服务器（IP 地址为 25.0.11.01 和 25.0.11.02）中用 app 用户身份执行以下命令，测试 SSH 服务的联通性。

```
ssh app@25.0.11.01
ssh app@25.0.11.02
```

此外，在实际使用时，因计算需要，会准备较大的虚拟内存，执行前需检查存储空间是否足够，按要求进行配置，见如下实例（以设置 128GB 虚拟内存为例）：在目标服务器（IP 地址为 25.0.11.01 和 25.0.11.02）中用 root 用户身份执行：

```
cd /data
dd if=/dev/zero of=/data/swapfile128G bs=1024 count=134217728
mkswap /data/swapfile128G
swapon /data/swapfile128G
cat /proc/swaps
echo '/data/swapfile128G swap swap defaults 0 0' >> /etc/fstab
```

4. 完成 FATE 项目配置和部署过程

（1）下载 FATE V1.5.0 的 cluster 版本，然后将其上传到目标服务器（IP 地址为 25.0.11.01 和 25.0.11.02）/data/projects/目录下，执行以下命令解压缩文件。

```
tar xzf fate-cluster-install-1.5.0-release-c7-u10.tar.gz
```

注：默认安装目录为/data/projects/，用户为 app，用户可按照实际情况修改。

（2）配置文件修改。在目标服务器（IP 地址为 25.0.11.01）中用 app 用户身份修改配置文件。在一般情况下，SSH 的工具默认端口号为 22，如果修改了默认端口号，就应该修改 ~/.bashrc 文件，增加端口别名配置 alias ssh='ssh -p {port number}' 和 alias scp='scp -P {port number}'，同时修改 deploy_cluster_All-in-one.sh 脚本，增加以下代码：

```
alias ssh="ssh -p {port number}"
alias scp="scp -P {port number}"
shopt -s expand_aliases
shopt expand_aliases
```

配置文件修改内容与企业运维相关，但早期版本的部署脚本中并无此内容。光大科技有限公司向 FATE 开源社区提交 issue 说明了此问题。目前，FATE 开源社区已经将这部分内容添加到官方文档中。

（3）集群部署 FATE。需要编辑配置文件 setup.conf，具体的配置项说明参见表 6-4-4。

表 6-4-4　配置文件 setup.conf 说明

配置项	配置项值	说明
roles	默认："host" "guest"	部署的角色，有 Host 端、Guest 端
version	默认：1.5.0	FATE 的版本号
pbase	默认：/data/projects	项目根目录
lbase	默认：/data/logs	保持默认不要修改
ssh_user	默认：app	SSH 连接目标的用户，也是部署后文件的属主
ssh_group	默认：apps	SSH 连接目标的用户的属组，也是部署后文件的属组
ssh_port	默认：22，根据实际情况修改	SSH 连接端口，部署前要确认好端口，否则会报连接错误
eggroll_dbname	默认：eggroll_meta	EggRoll 连接的数据库名字
fate_flow_dbname	默认：fate_flow	FATE-Flow,FATE-Board 等连接的数据库名字
mysql_admin_pass	可设置为 fate_dev	MySQL 的管理员（root）密码
redis_pass	—	Redis 密码，暂未使用
mysql_user	默认：fate	MySQL 的应用连接账号
mysql_port	默认：3306，根据实际情况修改	MySQL 服务监听的端口
host_id	默认：10000，根据实施规划修改	Host 端的 Party ID。

续表

配置项	配置项值	说明
host_ip	25.0.11.01	Host 端的 IP 地址
host_mysql_ip	默认和 host_ip 保持一致	Host 端 MySQL 的 IP 地址
host_mysql_pass	可设置为 fate_dev	Host 端 MySQL 的应用连接账号
guest_id	默认：9999，根据实施规划修改	Guest 端的 Party ID
guest_ip	25.0.11.02	Guest 端的 IP 地址
guest_mysql_ip	默认和 guest_ip 保持一致	Guest 端 MySQL 的 IP 地址
guest_mysql_pass	可设置为 fate_dev	Guest 端 MySQL 的应用连接账号
dbmodules	默认："mysql"	DB 组件的部署模块列表，如 MySQL
basemodules	默认："base" "java" "python" "eggroll" "fate"	非 DB 组件的部署模块列表，如"base""java""python""eggroll""fate"

下面分别给出部署两个节点和单独部署一个节点时，所需的 setup.conf 文件示例。

（1）同时部署两个节点时的 setup.conf 配置文件。

```
#to install role
roles=( "host" "guest" )
version="1.5.0"
#project base
pbase="/data/projects"
#user who connects dest machine by ssh
ssh_user="app"
ssh_group="apps"
#ssh port
ssh_port=16022
#eggroll_db name
eggroll_dbname="eggroll_meta"
#fate_flow_db name
```

```
fate_flow_dbname="fate_flow"
#mysql init root password
mysql_admin_pass="fate_dev"
#redis passwd
redis_pass=""
#mysql user
mysql_user="fate"
#mysql port
mysql_port="3306"
#host party id
host_id="10000"
#host ip
host_ip="25.0.11.01"
#host mysql ip
host_mysql_ip="${host_ip}"
host_mysql_pass="fate_dev"
#guest party id
guest_id="9999"
#guest ip
guest_ip="25.0.11.02"
#guest mysql ip
guest_mysql_ip="${guest_ip}"
guest_mysql_pass="fate_dev"
#db module lists
dbmodules=( "mysql" )
#base module lists
basemodules=( "base" "java" "python" "eggroll" "fate" )
```

（2）单独部署一个节点时的 setup.conf 配置文件。

```
#to install role
roles=( "host" )
version="1.5.0"
```

```
#project base
pbase="/data/projects"
#user who connects dest machine by ssh
ssh_user="app"
ssh_group="apps"
#ssh port
ssh_port=16022
#eggroll_db name
eggroll_dbname="eggroll_meta"
#fate_flow_db name
fate_flow_dbname="fate_flow"
#mysql init root password
mysql_admin_pass="fate_dev"
#redis passwd
redis_pass=""
#mysql user
mysql_user="fate"
#mysql port
mysql_port="3306"
#host party id
host_id="10000"
#host ip
host_ip="25.0.11.01"
#host mysql ip
host_mysql_ip="${host_ip}"
host_mysql_pass="fate_dev"
#guest party id
guest_id=""
#guest ip
guest_ip=""
#guest mysql ip
guest_mysql_ip="${guest_ip}"
```

```
guest_mysql_pass=""
#db module lists
dbmodules=( "mysql" )
#base module lists
basemodules=( "base" "java" "python" "eggroll" "fate" )
```

在按照上述配置含义修改 setup.conf 文件对应的配置项后，在 fate-cluster-install/All-in-one 目录下部署脚本：

```
cd fate-cluster-install/All-in-one
nohup sh ./deploy.sh > logs/boot.log 2>&1 &
```

部署日志输出在 fate-cluster-install/All-in-one/logs 目录下，要实时查看是否有报错信息：

```
tail -f ./logs/deploy.log      （部署结束，查看一下即可）
tail -f ./logs/deploy-guest.log      （实时打印 Guest 端的部署情况）
tail -f ./logs/deploy-mysql-guest.log      （实时打印 Guest 端 MySQL 的部署情况）
tail -f ./logs/deploy-host.log      （实时打印 Host 端的部署情况）
tail -f ./logs/deploy-mysql-host.log      （实时打印 Host 端 MySQL 的部署情况）
```

若没有报错信息，则只需要进行通信测试来验证集群是否正确部署。

6.4.2　Docker-Compose 方式部署 FATE 集群[62]

Docker-Compose 是编排 Docker 容器的工具，是可以高效地管理多容器 Docker 应用程序的工具，支持使用 YAML 文件配置应用程序的服务。然后，通过命令行，即可从配置中一次性创建并启动所有服务。Docker-Compose 方式是 FATE 部署门槛较低的一种方式，无须考虑环境安装的困难，使用 Docker-Compose 便于快速部署 FATE 集群，下面是配置和使用步骤。

部署两个可以通信的 FATE 集群，每个集群都包括 FATE 的所有组件，架构如图 6-4-1 所示。

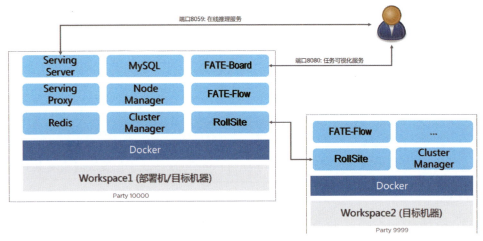

图 6-4-1 FATE 集群部署架构

1. 准备工作

（1）两台主机（物理机或者虚拟机，操作系统为 Red Hat）。

（2）两台主机均安装 Docker 版本：18+。

（3）两台主机均安装 Docker-Compose 版本：1.24+。

（4）运行机已经下载 FATE 的各组件镜像文件。

2. 离线安装 Docker

由于网络限制等因素，在实践中可以将 Docker 部署在具有公网的主机中，之后将其拉取到内网部署。

在外网环境中使用 yum 下载所有数据包，并指定下载目录/root/docker：

```
yum install --downloadonly --downloaddir=/root/docker docker
```

这样，所有的依赖数据包均下载在/root/docker 目录下，然后将数据包上传到内网环境安装，安装命令为 rpm -ivh --replacefiles ***.rpm。安装次序如下：libsepol、libselinux、libsemanage、libselinux-utils、policycoreutils、selinux-policy、selinux-policy-targeted、container-selinux、containerd.io、docker-ce-cli、docker-ce。

3. Docker 启动相关

Docker 启动命令：

```
systemctl start docker。
```

Docker 信息查看命令：docker info，若出现以下警告：

```
WARNING: bridge-nf-call-iptables is disabled
WARNING: bridge-nf-call-ip6tables is disabled
```

则解决方法为在/etc/sysctl.conf 文件中添加以下内容：

```
net.bridge.bridge-nf-call-iptables = 1
net.bridge.bridge-nf-call-ip6tables = 1
```

最后运行命令 systemctl status docker.service，查看 Docker 的运行状态。

若显示/usr/lib/systemd/system/docker.service; disabled; vendor preset: disabled，则应设置开机自启（systemctl enable docker.service）。

运行 docker version 命令查看 Docker 版本信息，若出现如图 6-4-2 所示的内容，则代表 Docker 安装成功。

```
Client: Docker Engine - Community
 Cloud integration: 1.0.7
 Version:           20.10.2
 API version:       1.41
 Go version:        go1.13.15
 Git commit:        2291f61
 Built:             Mon Dec 28 16:14:16 2020
 OS/Arch:           windows/amd64
 Context:           default
 Experimental:      true

Server: Docker Engine - Community
 Engine:
  Version:          20.10.2
  API version:      1.41 (minimum version 1.12)
  Go version:       go1.13.15
  Git commit:       8891c58
  Built:            Mon Dec 28 16:15:28 2020
  OS/Arch:          linux/amd64
  Experimental:     false
 containerd:
  Version:          1.4.3
  GitCommit:        269548fa27e0089a8b8278fc4fc781d7f65a939b
 runc:
  Version:          1.0.0-rc92
  GitCommit:        ff819c7e9184c13b7c2607fe6c30ae19403a7aff
 docker-init:
  Version:          0.19.0
  GitCommit:        de40ad0
```

图 6-4-2　Docker 版本信息

4. 在目标服务器上安装 Docker-Compose

可以在官方网站上找到合适的 Docker-Compose 版本，将可执行程序下载到目标服务器上，把 docker-compose-Linux-x86_64 放到 /usr/local/bin/ 目录下执行：

```
mv docker-compose-Linux-x86_64 docker-compose
chmod +x /usr/local/bin/docker-compose
```

执行 docker-compose version 命令验证版本信息，若出现如图 6-4-3 所示的内容，则代表安装成功。

```
docker-compose version 1.27.4, build 40524192
docker-py version: 4.3.1
CPython version: 3.7.4
OpenSSL version: OpenSSL 1.1.1c  28 May 2019
```

图 6-4-3　Docker-Compose 版本信息

5. 在目标服务器上准备 FATE 镜像文件

在 Docker 环境准备完成之后，需要拉取部署 FATE 所需的镜像文件，在离线环境下先将镜像文件下载到可连接公网的机器中，然后将下载好的镜像文件上传到目标服务器，执行：

```
docker load -i {image_name}
验证下载镜像文件：docker images
```

FATE V1.5.0 所需的镜像文件如图 6-4-4 所示。

```
REPOSITORY                    TAG              IMAGE ID       CREATED         SIZE
federatedai/client            1.5.0-release    2671d6af05e2   4 months ago    3.94GB
federatedai/python            1.5.0-release    ef2ea865e832   5 months ago    4.57GB
federatedai/eggroll           1.5.0-release    0e0b0044a06a   5 months ago    4.67GB
federatedai/fateboard         1.5.0-release    a64c297f13f1   5 months ago    200MB
federatedai/serving-server    2.0.0-release    b7b236ee4db0   7 months ago    234MB
federatedai/serving-proxy     2.0.0-release    2d66ed3e7822   7 months ago    267MB
mysql                         8                a0d4d95e478f   10 months ago   541MB
redis                         5                a4d3716dbb72   11 months ago   98.3MB
```

图 6-4-4　FATE V1.5.0 所需的镜像文件

6. 下载并配置集群部署脚本

FATE 提供了自动化部署多个节点的方案，下面的例子将介绍如何自动化地在两台机器上各部署一个 FATE 集群，并实现两个集群的联通。

FATE 的 GitHub 项目中提供了集群配置文件和自动化部署脚本示例，下载 FATE V1.5.0 的 Docker-Compose 部署包 kubefate-docker-compose-v1.5.1.tar.gz，其包括节点配置文件、集群配置生成脚本、集群自动部署脚本。可以通过与目标服务器联通的机器，在目标服务器中执行这些部署脚本。

我们的两台目标服务器的 IP 地址分别为 25.0.11.01 和 25.0.11.02，party 10000 的集群将在 IP 地址为 25.0.11.01 的目标服务器上部署，而 party 9999 的集群将在 IP 地址为 25.0.11.02 的目标服务器上部署，以 EggRoll 为计算引擎，均部署训练相关组件及预测相关组件，具体的配置内容如下：

```bash
#!/bin/bash
user=fate
dir=/data/projects/fate
party_list=(9999 10000)
party_ip_list=(25.0.11.01 25.0.11.02)
serving_ip_list=(25.0.11.01 25.0.11.02)
# computing_backend could be eggroll or spark.
computing_backend=eggroll
# true if you need python-nn else false, the default value will be false
enabled_nn=false
# default
exchangeip=
# modify if you are going to use an external db
mysql_ip=mysql
mysql_user=fate
mysql_password=fate_dev
mysql_db=fate_flow
# modify if you are going to use an external redis
redis_ip=redis
redis_port=6379
redis_password=fate_dev
name_node=hdfs://namenode:9000
```

7. 执行部署脚本

在配置修改完毕后，执行以下命令，根据修改后的节点信息生成多个组件需要的配置文件（包括 eggroll、fate_flow、fate_board、fate_client、redis、serving_proxy、serving_server），以及启动训练和预测服务所需的 docker_compose.yaml 文件。

```
bash generate_config.sh        # 生成部署文件
```

在所需的配置文件生成后，应执行：

```
bash docker_deploy.sh all        # 在各个party上部署FATE
```

在 Native 部署方式中，若目标服务器 SSH 服务默认使用的端口号不是 22，则在 docker_deploy.sh 中添加以下内容：

```
alias scp="scp -P {port_number}"
shopt -s expand_aliases
shopt expand_aliases
```

在运行 docker_deploy.sh 后，会将 10000、9999 两个组织（Party）的配置文件压缩包 confs-<party-id>.tar、serving-<party-id>.tar 分别发送到 Party 对应的主机上，之后通过 SSH 协议登录主机解压配置文件，解压后的文件默认在 /data/projects/fate 目录下。执行 docker volume 命令创建共享目录，并通过 docker compose 命令启动训练和预测服务，在脚本运行结束后，可登录其中任意一台目标服务器，使用以下命令验证集群状态：

```
docker ps
```

若 FATE 集群中各服务的运行状态如图 6-4-5 所示，则代表部署成功。

```
fate@ebdatah-app-18:/home/fate$docker ps
CONTAINER ID    IMAGE                                          COMMAND                 CREATED       STATUS
  PORTS                                                        NAMES
2bf99b7c917a    federatedai/serving-server:2.0.0-release       "/bin/sh -c 'java -c…"  4 days ago    Up 4 days
  0.0.0.0:8000->8000/tcp                                       serving-18003_serving-server_1
cf4aaab8767d    redis:5                                        "docker-entrypoint.s…"  4 days ago    Up 4 days
  6379/tcp                                                     serving-18003_redis_1
f9dd45893ba8    federatedai/serving-proxy:2.0.0-release        "/bin/sh -c 'java -D…"  4 days ago    Up 4 days
  0.0.0.0:8059->8059/tcp, 0.0.0.0:8869->8869/tcp, 8879/tcp     serving-18003_serving-proxy_1
da3baf4feea0    federatedai/client:1.6.0-release               "/bin/sh -c 'flow in…"  4 days ago    Up 4 days
  0.0.0.0:20000->20000/tcp                                     confs-18003_client_1
836e81900dd7    federatedai/fateboard:1.6.0-release            "/bin/sh -c 'java -D…"  4 days ago    Up 4 days
  0.0.0.0:8080->8080/tcp                                       confs-18003_fateboard_1
d154303dc86d    federatedai/python:1.6.0-release               "container-entrypoin…"  4 days ago    Up 4 days
  0.0.0.0:9360->9360/tcp, 8080/tcp, 0.0.0.0:9380->9380/tcp     confs-18003_python_1
1ce2482e38c9    mysql:8                                        "docker-entrypoint.s…"  4 days ago    Up 4 days
  3306/tcp, 33060/tcp                                          confs-18003_mysql_1
c7540c0a414f    federatedai/eggroll:1.6.0-release              "/tini -- bash -c 'j…"  4 days ago    Up 4 days
  4671/tcp, 8080/tcp                                           confs-18003_nodemanager_1
e12ed7c2eceb    federatedai/eggroll:1.6.0-release              "/tini -- bash -c 'j…"  4 days ago    Up 4 days
  8080/tcp, 0.0.0.0:9370->9370/tcp                             confs-18003_rollsite_1
aaadc62fa887    federatedai/eggroll:1.6.0-release              "/tini -- bash -c 'j…"  4 days ago    Up 4 days
  4670/tcp, 8080/tcp                                           confs-18003_clustermanager_1
```

图 6-4-5　FATE 服务运行状态

6.4.3 在 Kubernetes 上部署 FATE 集群[63]

在生产环境中，当数据和模型的使用需求变大时，需要扩容或维护数据，就会自然产生集群管理高级功能的需求，此时使用 Kubernetes 部署 FATE 集群的方案更为合理。Kubernetes 是当前主流的基础设施平台之一。在实践过程中，Kubernetes 具有自动化容器操作、管理资源、灵活更改容器规模等功能，适合企业内大规模分布式系统的运维工作。Ovum 提供的数据显示，截至 2019 年年底，Kubernetes 管理了大数据相关任务一半负载。FATE 官方也建议在生产环境中使用 Kubernetes 管理 FATE 联邦学习集群的平台，KubeFATE 是基于 Kubernetes 部署运维 FATE 的解决方案。

本节将介绍在内网环境中，利用已有的 Kubeneters 平台部署 FATE V1.5.0 的集群，进行联邦学习和在线预测。

部署 FATE 集群前的准备工作包括以下内容：

● 准备一台与 Kubernetes 联通的部署机，用于安装 Kubectl 命令行工具和 KubeFATE 命令行工具。

● 向离线镜像仓库上传 FATE V1.5.0 镜像文件、KubeFATE V1.3.0 镜像文件、MySQL 和 Redis 镜像文件。

● 准备 FATE V1.5.0 chart 文件压缩包和基于 Kubernetes 部署所需的 yaml 配置文件压缩包。

1. 安装 Kubectl

Kubectl 是通过 API 与 Kubernetes 交互的命令行工具，具有管理 Kubernetes 集群、在集群中部署容器化应用的功能。

Kubectl 的安装过程如下。

首先，在 Kubernetes 官网下载 Kubectl 的 1.9.3-release 版本的可执行程序。

然后，将下载好的 Kubectl 文件上传到任意与 Kubernetes 集群联通的机器上，并执行：

```
chmod +x ./kubectl && sudo mv ./kubectl /usr/bin
```

最后，在用户文件夹（/home 或/root）中的.kube 目录下，编辑配置 config 文件，联通 Kubectl 和 Kubernetes 服务（若没有.kube 目录，则应先创建.kube 目录）。

```
apiVersion: v1
clusters：配置要访问的 Kubernetes 集群
- cluster:
    certificate-authority-data：准入密钥
    server: IP
  name：集群名
contexts：配置访问 Kubernetes 集群的具体上下文环境
- context:
    cluster:
    user:
    namespace:
  name:
current-context：配置当前使用的上下文环境
kind: Config
preferences: {}
users：配置访问的用户信息、用户名及证书信息
- name：用户名
  user:
    token：密钥
```

在配置完成后，输入 Kubectl 的版本信息，若显示如图 6-4-6 所示的内容，则代表安装成功。

```
Client Version: version.Info{Major:"1", Minor:"19", GitVersion:"v1.19.3", GitCommit:"1e11e4a2108024935e
cfcb2912226cedeafd99df", GitTreeState:"clean", BuildDate:"2020-10-14T12:50:19Z", GoVersion:"go1.15.2",
Compiler:"gc", Platform:"windows/amd64"}
Server Version: version.Info{Major:"1", Minor:"16", GitVersion:"v1.16.6", GitCommit:"72c30166b2105cd7d3
350f2c28a219e6abcd79eb", GitTreeState:"clean", BuildDate:"2020-01-18T23:23:21Z", GoVersion:"go1.13.5",
Compiler:"gc", Platform:"linux/amd64"}
```

图 6-4-6　Kubectl 的版本信息

2. 安装 KubeFATE

KubeFATE 包括 KubeFATE 命令行工具与 KubeFATE Server 两部分。

1）KubeFATE 命令行工具

KubeFATE 提供一个可执行的二进制文件作为命令行工具，帮助用户快速实现初始化、部署、管理 FATE 集群。KubeFATE 的命令行可以通过 HTTPS 与 KubeFATE 服务交互，支持 SSL 加密和适配企业的防火墙规则。如图 6-4-7 所示，KubeFATE 命令行提供管理集群（Cluster）、任务（Job）、包（Chart）、用户（User）的功能。

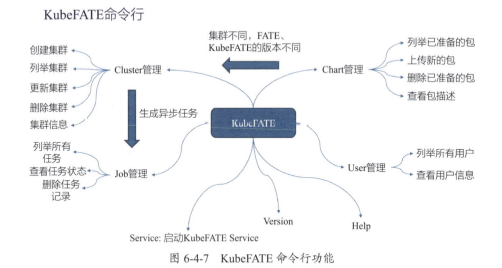

图 6-4-7　KubeFATE 命令行功能

KubeFATE 命令行工具的安装过程与 Kubectl 类似，下载 FATE 提供的部署压缩包——kubefate-k8s-v1.5.0.tar.gz。

在解压后，将其中的 kubefate 文件上传到服务器，执行：

```
chmod +x ./kubefate && sudo mv ./kubefate /usr/bin
```

2）部署 KubeFATE Server

KubeFATE Server 以应用形式部署在 Kubernetes 上，提供 Restful APIs 用于交互，易于与企业已有的网管运维等系统整合。KubeFATE Server 一般与 FATE 部署在同一个 Kubernetes 集群中。

在 kubefate-k8s-v1.5.0.tar.gz 压缩包里已经包含了相关的 yaml 文件 rbac-config.yaml，在部署机中执行：

```
kubectl apply -f ./rbac-config.yaml
```

rbac-config.yaml 示例文件的内容如下：

```
apiVersion: v1
kind: Namespace
metadata:
  name: kube-fate
  labels:
    name: kube-fate
---
apiVersion: v1
kind: ServiceAccount
metadata:
  name: kubefate-admin
  namespace: kube-fate
---
apiVersion: rbac.authorization.k8s.io/v1
kind: ClusterRoleBinding
metadata:
```

```yaml
  name: kubefate
roleRef:
  apiGroup: rbac.authorization.k8s.io
  kind: ClusterRole
  name: cluster-admin
subjects:
  - kind: ServiceAccount
    name: kubefate-admin
    namespace: kube-fate
---
apiVersion: v1
kind: Secret
metadata:
  name: kubefate-secret
  namespace: kube-fate
type: Opaque
stringData:
  kubefateUsername: admin
  kubefatePassword: admin
  mariadbUsername: kubefate
  mariadbPassword: kubefate
```

在 rbac-config.yaml 中，第一部分内容的作用是创建一个命名空间（namespace），如果已有命名空间，那么可以省略这一部分，并在后续部分中直接使用已创建好的命名空间，在示例中创建了命名空间 kube-fate。

```yaml
apiVersion: v1
kind: Namespace
metadata:
  name: kube-fate
  labels:
    name: kube-fate
```

在 rbac-config.yaml 中，第二部分内容的作用是在已有的命名空间中创建一个 Service Account，示例中在 kube-fate 下创建了 kubefate-admin。

```
apiVersion: v1
kind: ServiceAccount
metadata:
  name: kubefate-admin
  namespace: kube-fate #可修改为已创建的命名空间
```

在大多数情况下，在 Kubernetes 集群搭建完成之后，会创建好 ClusterRole 和 admin-Role，可以直接用来为新创建的 ServiceAccount 创建 ClusterRoleBinding。需要注意的是，apiVersion 应与 Kubernetes 版本相对应，Kubernetes V1.8 以前版本的 apiVersion 为 rbac.authorization.k8s.io/v1。apiVersion 可在 rbac-config.yaml 中设置。

```
apiVersion: rbac.authorization.k8s.io/v1
kind: ClusterRoleBinding
metadata:
  name: kubefate
roleRef:
  apiGroup: rbac.authorization.k8s.io
  kind: ClusterRole
  name: cluster-admin #可以修改为已有的 ClusterRole 用户
subjects:
- kind: ServiceAccount
  name: kubefate-admin
  namespace: kube-fate #可修改为已创建的命名空间
```

这部分包含了 KubeFATE 所使用的密钥，包括 KubeFATE 和 MariaDB(MySQL) 的用户名与密码，使用之前建议修改：

```
apiVersion: v1
kind: Secret
```

```
metadata:
  name: kubefate-secret
  namespace: kube-fate #可修改为已创建的命名空间
type: Opaque
stringData:
  kubefateUsername: admin #自定义
  kubefatePassword: admin #自定义
  mariadbUsername: kubefate #自定义
  mariadbPassword: kubefate #自定义
```

在命名空间、ServiceAccount 及密钥等内容创建完毕后，可以开始在 kube-fate 命名空间中部署 KubeFATE Server，工作目录包含了相关的配置文件，在确认当前 Kubernetes 管理员拥有创建 Pod、Service、Ingress 的权限后，执行：

```
kubectl apply -f ./kubefate.yaml
```

在示例中，Ingress 的默认域名为 kubefate.net，可自行修改域名来访问 KubeFATE 服务，我们将 kubefate.yaml 中的 host 修改为 kubefate-test.d.ebchina.com。

执行 kubectl get all,ingress -n kube-fate 命令验证 KubeFATE 部署情况。若出现如图 6-4-8 所示的内容（重点查看 Pod 的状态均为 Running 且保持稳定），则 KubeFATE 服务已部署成功并正常运行。

```
NAME                                READY   STATUS    RESTARTS   AGE
pod/kubefate-79fd9fbd84-9p5kr       1/1     Running   1          8d
pod/mariadb-6987b4ff65-sfnqh        1/1     Running   0          8d
pod/nginx                           2/2     Running   0          8d

NAME                 TYPE        CLUSTER-IP      EXTERNAL-IP   PORT(S)    AGE
service/kubefate     ClusterIP   10.45.148.255   <none>        8080/TCP   8d
service/mariadb      ClusterIP   10.45.29.125    <none>        3306/TCP   8d

NAME                        READY   UP-TO-DATE   AVAILABLE   AGE
deployment.apps/kubefate    1/1     1            1           8d
deployment.apps/mariadb     1/1     1            1           8d

NAME                                      DESIRED   CURRENT   READY   AGE
replicaset.apps/kubefate-79fd9fbd84       1         1         1       8d
replicaset.apps/mariadb-6987b4ff65        1         1         1       8d

NAME                          HOSTS                         ADDRESS   PORTS   AGE
ingress.extensions/kubefate   kubefate-test.d.ebchina.com             80      8d
```

图 6-4-8　KubeFATE 的服务状态

3）验证 KubeFATE 服务的联通性

因为我们修改了 Ingress 中的 KubeFATE 服务域名，所以需要将 config.yaml 中的 serviceurl 换成 kubefate-test.d.ebchina.com，若曾修改过 KubeFATE 服务的用户名和密码，则需要在此文件中做相应的修改。确认 config.yaml 文件保存在当前的目录下，然后验证 KubeFATE 服务是否可用，执行：

```
./kubefate version
```

如图 6-4-9 所示，若显示 KubeFATE 的版本信息，则代表安装成功。

```
[root@c3cf6f5d659d home]# kubefate version
* kubefate commandLine version=v1.3.0
* kubefate service version=v1.3.0
```

图 6-4-9　KubeFATE 的版本信息

4）上传 Chart 文件

Chart 是 helm 打包应用的格式，由一系列描述 Kubernetes 部署应用所需资源情况的文件组成，KubeFATE 提供了部署 FATE 集群的 Chart 文件包，在 GitHub 的 KubeFATE 项目 release 页面下载训练集群 Chart 文件包 fate-v1.5.0.tgz 和在线服务集群 Chart 文件包 fate-serving-v2.0.0.tgz，在部署机上使用 kubefate 命令上传：

```
kubefate chart upload -f fate-v1.5.0.tgz
kubefate chart upload -f fate-serving-v2.0.0.tgz
```

显示上传成功后可通过以下命令验证上传情况：

```
kubefate chart ls
```

3. 使用 KubeFATE 安装 FATE

如图 6-4-10 所示，我们的目标是部署两个独立的 FATE 集群模拟参与联邦的 2 个独立机构，机构的 Party-ID 分别为 9999 和 10000。

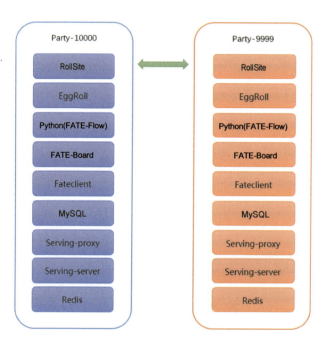

图 6-4-10　参与机构部署目标

为了实现上述目标，首先应在 Kubernetes 上为两个机构创建独立的命名空间（namespace），然后在各自的命名空间下准备集群配置文件。

1）创建命名空间

为 Party-9999 分配命名空间 federateai-training-9999 和 federateai-serving-9999，分别用于部署训练和在线测试服务，与之类似，为 Party-10000 分配命名空间 federateai-training-10000 和 federateai-serving-10000，在部署机中执行以下命令：

```
kubectl create namespace federateai-training-9999
kubectl create namespace federateai-serving-9999
kubectl create namespace federateai-training-10000
kubectl create namespace federateai-serving-10000
```

2）编辑集群配置文件

KubeFATE 安装包提供了部署 FATE-Traning 配置示例 cluster.yaml 和 FATE-Serving 配置示例 cluster-serving.yaml。

依据 cluster.yaml 配置 fate-training-9999.yaml 的具体内容如下：

```
fate-training-9999.yaml
name: fate-training-9999
namespace: federateai-training-9999
chartName: fate
chartVersion: v1.5.0
partyId: 9999
registry: ""
imageTag: ""
pullPolicy:
imagePullSecrets:
- name: myregistrykey
persistence: false
istio:
  enabled: false
modules:
  - rollsite
  - clustermanager
  - nodemanager
  - mysql
  - python
  - fateboard
  - client

backend: eggroll

rollsite:
```

```
    type: NodePort
    nodePort: 30091
    partyList:
    - partyId: 10000
      partyIp: 25.0.11.02
      partyPort: 30101

  python:
    type: NodePort
    httpNodePort: 30097
    grpcNodePort: 30092

servingIp: 25.0.11.01
servingPort: 30095
```

主要的注意点如下：

（1）name 为集群名称，应避免重复。

（2）namespace 对应之前创建的命名空间。

（3）KubeFATE 支持分模块部署，可以根据需求设置 modules。

（4）在 rollsite 模块中删除 exchange 部分。为了简化配置，这里使用点对点连接的方式。更改 partyList 部分，partyIp 应与 Party-10000 所在服务器的 IP 地址保持一致，partyPort 应与 fate-training-10000.yaml 文件中设置的 NodePort 保持一致。

（5）更改 servingIp 和 servingPort，与下述 fate-serving-9999.yaml 文件中 servingServer 配置的 IP 地址和 nodePort 保持一致。

依据 cluster-serving.yaml 配置 fate-serving-9999.yaml 的具体内容如下：

```
fate-serving-9999.yaml
```

```yaml
name: fate-serving-9999
namespace: federateai-serving-9999
chartName: fate-serving
chartVersion: v2.0.0
partyId: 9999
registry: ""
pullPolicy:
persistence: false
istio:
  enabled: false
modules:
  - servingProxy
  - servingRedis
  - servingServer

servingProxy:
  nodePort: 30096
  ingerssHost: 9999.kubefate-test-serving-proxy.d.ebchina.com
  partyList:
  - partyId: 10000
    partyIp: 25.0.11.02
    partyPort: 30106
  nodeSelector: {}

servingServer:
  type: NodePort
  nodePort: 30095
  fateflow:
    ip: 25.0.11.01
    port: 30097
  subPath: ""
  existingClaim: ""
```

```
      storageClass: "serving-server"
      accessMode: ReadWriteOnce
      size: 1Gi
      nodeSelector: {}

servingRedis:
  password: fate_dev
  nodeSelector: {}
  subPath: ""
  existingClaim: ""
  storageClass: "serving-redis"
  accessMode: ReadWriteOnce
  size: 1Gi
```

name 和 namespece 等内容的修改规则与 fate-training-9999.yaml 配置文件中相关内容的修改规则类似。另外，还要注意以下几点：

（1）把 servingProxy 模块中的 ingerssHost 修改为云平台提供的域名格式，确认 partyList 中的对方节点 Party-10000 的 partyIP 和 partyPort 与其配置的 nodePort 保持一致。

（2）使 servingServer 模块中 fateflow 与本方节点 Party-9999 中 python 模块的 httpNodePort 保持一致。

类似地，在 Party-10000 的配置文件中确认各模块的 IP 地址和端口号相对应，具体内容参照节点 Party-9999 的配置文件。

```
fate-training-10000.yaml
name: fate-training-10000
namespace: federateai-training-10000
chartName: fate
chartVersion: v1.5.0
```

```yaml
partyId: 10000
registry: ""
imageTag: ""
pullPolicy:
imagePullSecrets:
- name: myregistrykey
persistence: false
istio:
  enabled: false
modules:
  - rollsite
  - clustermanager
  - nodemanager
  - mysql
  - python
  - fateboard
  - client

backend: eggroll

rollsite:
  type: NodePort
  nodePort: 30101
  partyList:
  - partyId: 9999
    partyIp: 25.0.11.01
    partyPort: 30091

python:
  type: NodePort
  httpNodePort: 30107
  grpcNodePort: 30102
```

```yaml
    servingIp: 25.0.11.02
    servingPort: 30105
fate-serving-10000.yaml
name: fate-serving-10000
namespace: fate-serving-10000
chartName: fate-serving
chartVersion: v2.0.0
partyId: 10000
registry: ""
pullPolicy:
persistence: false
istio:
  enabled: false
modules:
  - servingProxy
  - servingRedis
  - servingServer

servingProxy:
  nodePort: 30106
  ingerssHost: 10000.kubefate-test-serving-proxy.d.ebchina.com
  partyList:
  - partyId: 9999
    partyIp: 25.0.11.01
    partyPort: 30096
  nodeSelector: {}

servingServer:
  type: NodePort
  nodePort: 30105
  fateflow:
```

```
    ip: 192.168.10.1
    port: 30107
  subPath: ""
  existingClaim: ""
  storageClass: "serving-server"
  accessMode: ReadWriteOnce
  size: 1Gi
  nodeSelector: {}

servingRedis:
  password: fate_dev
  nodeSelector: {}
  subPath: ""
  existingClaim: ""
  storageClass: "serving-redis"
  accessMode: ReadWriteOnce
  size: 1Gi
```

3）部署集群

在准备好配置文件后，可以在部署机上使用 kubefate cluster install 命令部署两个 FATE 集群，在安装 KubeFATE 命令行工具的服务器上执行：

```
kubefate cluster install -f ./fate-training-9999.yaml
kubefate cluster install -f ./fate-training-10000.yaml
kubefate cluster install -f ./fate-serving-9999.yaml
kubefate cluster install -f ./fate-serving-10000.yaml
```

6.4.4　FATE 集群部署验证

在使用三种方式部署完成后，需要进行通信测试来验证 FATE 集群是否成功安装，FATE 提供了 run_test、toy_example 和 min_test_task 测试。其中，run_test

是单元测试，用于测试本地环境安装是否正确、完整。toy_example 利用两方求和测试两方 Party 的联通性及各组件是否可用。min_test_task 从特征选择、特征工程、模型训练到模型预测模拟一个完整的联合建模过程来进行测试。

1. run_test 单元测试

在 Guest 方和 Host 方执行以下命令进行单元测试：

```
CONTAINER_ID=`docker ps -aqf "name=fate"`
docker exec -t -i ${CONTAINER_ID} bash
bash ./python/federatedml/test/run_test.sh
```

若屏幕显示以下内容，则表示测试成功：

```
there are 0 failed test
```

2. toy_example 测试

只需要到 Guest 方的/data/projects/fate/python/examples/toy_example/目录下执行：

```
python run_toy_example.py ${guest_party_id} ${host_party_id} ${work_mode}
```

其中，work_mode 为 0 表示单机版本，为 1 表示集群版本。我们的实验节点是采用集群方式部署的。一旦任务发起，服务器上就可能会返回以下信息。

（1）Party ID 错误或者通信模块错误。

在任务发起后，若屏幕上没有立刻输出信息，则通信可能失败，可能是 guest_party_id 和 host_party_id 错误，也可能是通信模块安装失败。

（2）EggRoll 或通信错误。

如果屏幕上输出 jobid，并且显示 "job running time exceed"，那么检查通信或者 Host 方的 EggRoll 日志。否则，检查 Guest 方的 EggRoll 日志。

（3）任务成功，日志显示成功。

3. min_test_task 测试

本案例主要测试数据上传、求交集、算法。

在 Host 方中执行：

```
sh run.sh host ${task}
```

task 可选择 fast 或 normal，fast 将使用 FATE 提供的 breast 数据集，normal 将使用 credit 数据集。在执行该命令后，得到上传数据的表名和表空间，需要将其告知 Guest 方。

在 Guest 方中执行：

```
sh run.sh guest ${task} ${host_table_name} ${host_namespace}
```

需要注意以下三点：

（1）在用 All-in-one 方式执行命令前需要先初始化环境变量：

```
source /data/projects/fate/init_env.sh
```

（2）在 Docker 环境下进入 python 容器的命令：

```
docker exec -it ${容器名} bash
```

(3)在 Kubernetes 环境下进入 python 容器的命令:

```
kubectl exec -it ${容器名} -n ${namespace} --/bin/bash
```

6.4.5 FATE 集群配置管理及注意事项

1. 集群网络配置管理

如图 6-4-11 所示,FATE 节点一般可以通过 RollSite 组件直接连接。

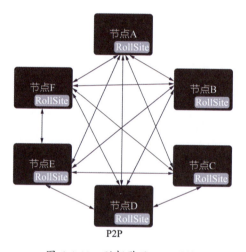

图 6-4-11 联邦学习 P2P 网络

RollSite 直连模式的路由表的配置示例如下,Party-9999 路由表配置文件 route_table.json 如下:

```
route_table.json
{
    "route_table": {
        "default": {
            "default": [
                {
                    "ip": "proxy",
```

```
                "port": 9370
            }
        ]
    },
    "10000": {
        "default": [
            {
                "ip": "25.0.11.02",
                "port": 9370
            }
        ]
    },
    "9999": {
        "fateflow": [
            {
                "ip": "python",
                "port": 9360
            }]
    }
},
"permission": {
    "default_allow": true
}
}
```

Party-10000 路由表配置文件 route_table.json 如下：

```
route_table.json
{
    "route_table": {
        "default": {
            "default": [
                {
```

```
                    "ip": "proxy",
                    "port": 9370
                }
            ]
        },
        "9999": {
            "default": [
                {
                    "ip": "25.0.11.01",
                    "port": 9370
                }
            ]
        },
        "10000": {
            "fateflow": [
                {
                    "ip": "python",
                    "port": 9360
                }]
        }
    },
    "permission": {
        "default_allow": true
    }
}
```

注：文件路径为 data/projects/fate/eggroll/conf/route_table.json。

当节点数增加时，如果采用 P2P 方式构建网络，那么网络关系会变得复杂，每增加一个新节点都需要为之前已有节点开通相应的端口访问权限，使用 Exchange 节点搭建如图 6-4-12 所示的星型网络，更便于在整个联邦学习网络中增加新节点。

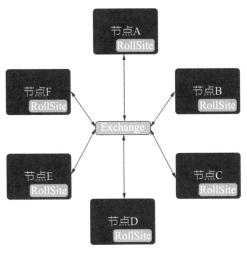

图 6-4-12 联邦学习星型网络

其中，Exchange 节点与各方路由表配置如下。

（1）对于 All-in-one 部署方式，Exchange 节点的部署方法见 GitHub 官网 FATE 项目的部署文档（Install Exchange Step By Step Chinese guide）。

（2）对于 Docker-Compose 部署方式，在 parties.conf 文件中需要填写 exchangeip，例如填写 25.0.11.03。

（3）对于 Kubernetes 部署方式，在各方的 yaml 文件中需要填写 Exchange 节点的 IP 地址和 nodePort 端口。另外，需要准备 Exchange 节点的 yaml 文件，该文件只需要 RollSite 模块，配置项中的 partyList 需要包括各方的 IP 地址和端口，然后使用命令行工具部署。

对 Exchange 节点配置路由信息，可以参考以下例子并手工配置，其配置文件路径为/data/projects/fate/eggroll/conf/route_table.json。

```
{
  "route_table":
  {
```

```
    "9999":
    {
      "default":[
        {
          "port": 9370,
          "ip": "25.0.11.01"
        }
      ]
    },
    "10000":
    {
      "default":[
        {
          "port": 9370,
          "ip": "25.0.11.02"
        }
      ]
    },
    "permission":
    {
      "default_allow": true
    }
}
```

需要连接 Exchange 节点与各节点的 RollSite 服务，需要修改/data/projects/fate/eggroll/conf/route_table.json 部分，默认路由信息指向部署好的 Exchange 节点，修改后需重启 RollSite 服务。

```
    "default": {
            "default": [
                {
```

```
            "ip": "25.0.11.03",
            "port": 9370
          }
        ]
      }
```

2. 注意事项

在集群部署和管理的过程中，笔者遇到了很多问题，有些问题已经被提交 FATE 开源社区并进行了修改，有些问题可能涉及一些具体的场景，需要进行相应的调整和配置管理，下面把常见的问题列出来供你参考。

1）关于复杂网络环境的配置管理问题

在部署 FATE 集群时，对于 partyIp，应该填写部署机本地的 IP 地址，但实际情况是所部署的服务器在对外提供服务时，通常会对 IP 地址进行转换，这一转换可能是通过 NAT（Network Address Translation，网络地址转换）方法对内网和外网地址进行转换，如图 6-4-13 所示。

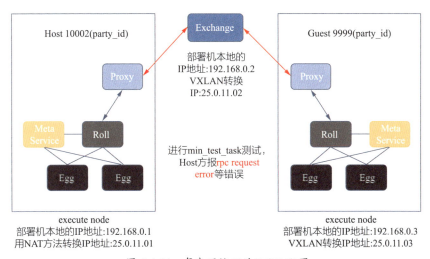

图 6-4-13　复杂网络下的 FATE 配置

通过对源代码和 gRPC 框架分析，并进行多次实验后发现，在这样的网络环境中进行配置时，联邦学习的任何一方在路由表中填写其他方的 IP 地址时，需要注意的是，一定要填写另一方部署机转换后的 IP 地址，也就是能对外通信的 IP 地址。另外，如果是集群内部通信，那么一定要填写转换前的 IP 地址，这也是我们在实践中总结出来的宝贵经验。

2）KubeFATE 服务超时问题

使用 KubeFATE 部署 FATE 集群时，每次调用 KubeFATE 服务都会出现请求超时的问题。经过对接口日志分析后发现，在 KubeFATE V1.3.0 版本中，调用服务时首先会验证 config 文件中配置的用户，加密和解密的耗时通常超过 60s，虽然能通过验证，但是超过了 Ingress 默认的超时时间，因此在创建 KubeFATE 服务的 Ingress 时，要添加连接超时配置。

```
apiVersion: extensions/v1beta1
kind: Ingress
metadata:
  name: kubefate
  namespace: federateai-kubefate
  annotations:
    kubernetes.io/ingress.class: nginx
    nginx.ingress.kubernetes.io/proxy-body-size: 10240m
    nginx.ingress.kubernetes.io/proxy-connect-timeout: "150"
    nginx.ingress.kubernetes.io/proxy-read-timeout: "150"
    nginx.ingress.kubernetes.io/proxy-send-timeout: "150"
```

3）基于 Kubernetes 集群的资源配置问题

在使用 Kubernetes 部署 FATE 集群时，每个机构的云环境并不都是稳定的。有的时候使用较大的数据集建模甚至运行前面提到的 min_test_task 测试案例，都会出现与 nodemanager-0 有关的未知网络中断问题，简要的日志如下：

```
1.federation.py[line:136]: remote fail, terminating process(pid=
4437);
2.Caused by: com.webank.eggroll.core.error.CommandCallException:
 [COMMANDCALL] Error while calling serviceName: v1/egg-pair/runTask
to endpoint: nodemanager-0:46417;
3.Caused by: java.util.concurrent.ExecutionException: io.grpc.St
atusRuntimeException: UNAVAILABLE: Network closed for unknown reason
4.Caused by: io.grpc.StatusRuntimeException: UNAVAILABLE: Networ
k closed for unknown reason
```

经过仔细排查和研究，发现主要是因为在资源相对紧张的容器云环境中 nodemanager-0 所需的内存资源不够。在众多计算节点管理者（node manager）中，nodemanager-0 会充当主节点（master）角色，所以它所需的内存资源要相对多一些。在使用如表 6-4-5 所示的资源配额后，上述问题得到解决。

表 6-4-5　基于 Kubernetes 的各组件最小配置建议

容器	CPU 核数	内存大小（GB）
clustermanager	1	1
mysql	1	1
nodemanager	2	4
nodemanager-0	4	8
nodemanager-1	2	4
nodemanager-2	2	4
mysql（python）	1	1
python	4	8
client	1	2
fateboard	1	2
RollSite	2	4

6.5 与异构平台对接

6.5.1 与大数据平台对接

Spark 是目前较为先进的大规模数据处理系统，具有通用范围广、容错性强、可扩展及高性能内存数据处理等特性，被广泛应用于工业界。金融控股集团的大数据平台大多基于 Spark 搭建。本节将介绍如何使用 Spark 执行 FATE 下的联邦学习任务。

FATE 开源平台从 V1.5.0 开始支持 Spark 作为其计算引擎。当使用 Spark 时，FATE 的整体架构如图 6-5-1 所示。与 EggRoll 不同，Spark 是一个内存计算框架，不具备数据持久化功能，因此需要借助 HDFS 实现数据持久化，并且将 EggRoll 中 RollSite 模块完成联邦传输工作拆分为由 Nginx 完成指令同步，由 RabbitMQ 完成训练过程中消息同步。

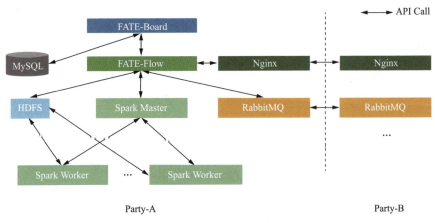

图 6-5-1 FATE 的整体架构

因此，要想对接原有的大数据平台，首先应在配置文件中指定 HDFS、Nginx 及 RabbitMQ 等服务，对 service_conf.yaml 文件做如下修改：

```
fate_on_spark:
  spark:
```

```
    home: #SPARK_HOME
    cores_per_node: 20
    nodes: 2
  hdfs:
    name_node: hdfs://fate-cluster #修改为已有 HDFS NameNode
    path_prefix: # 默认路径 /
  rabbitmq:
    host: 25.0.11.01
    mng_port: 12345
    port: 5672
    user: fate
    password: fate
    route_table: # 默认 conf/rabbitmq_route_table.yaml
  nginx:
    host: 25.0.11.01
    http_port: 9300
    grpc_port: 9310
```

然后，修改 rabbitmq_route_table.yaml 文件：

```
9999:
  host: 25.0.11.01
  port: 5672
10000:
  host: 25.0.11.02
  port: 5672
```

主要修改内容如下：

（1）spark 模块 home 对应的 SPARK_HOME。

(2) 把 hdfs 模块 name_node 配置为已有的节点。

(3) rabbitmq 服务的 IP 地址和端口。

(4) nginx 服务的 IP 地址和端口。

除了配置信息，还需要在已有的 Spark 集群中安装依赖的 Python 包，具体步骤是在所有需要运行联邦学习任务的 Spark 的 Worker 节点中执行以下操作。

1. 创建配置文件目录

```
mkdir -p /data/projects
cd /data/projects
```

2. 使用 miniconda 创建虚拟环境

```
miniconda3/bin/virtualenv -p /data/projects/miniconda3/bin/python3.6
   --no-wheel --no-setuptools --no-download /data/projects/python/venv
```

3. 下载 FATE 项目代码

```
git clone https://github.com/FederatedAI/FATE/tree/v1.5.0
echo "export PYTHONPATY=/data/projects/fate/python" >> /data/projects/
python/venv/bin/activate
```

4. 修改虚拟环境中的 Python 库

```
source /data/projects/python/venv/bin/activate
sed -i -e '23,25d' ./requirements.txt
pip install setuptools-42.0.2-py2.py3-none-any.whl
pip install -r /data/projects/python/requirements.txt
```

在完成上述配置后，重启 FATE-Flow，就可以在 conf 文件中指定 Spark 运行 FATE 任务，简单的示例如下：

```
"job_parameters": {
    "work_mode": 0,
    "backend": 0,
    "spark_run": {
      "master": "spark://127.0.0.1:7077"
      "conf": "spark.pyspark.python=/data/projects/python/venv/bin/python"
    },
  }
```

在需要运行 FATE 任务的 conf 文件中修改 job_parameters 的部署，其中：

（1）将 backend 指定为 0，表示使用 Spark 作为计算引擎。

（2）将 master 根据实际情况配置为已有集群的 master 节点机制，conf 为之前指定的运行环境，若没有设置 spark_run 字段，则默认读取 spark-defaults.conf 中的配置，配置的字段可以是 Spark 支持的任意参数。

FATE 对 Spark 的支持还处于开始阶段，目前正在持续优化和迭代中，其易用性、稳定性和效率会逐步提升。

6.5.2 与区块链平台对接

联邦学习具有多用户参与并共同获益的特点，很可能存在独立建模收益低于联合建模或者由于个别参与方利用数据相关信息不对称的优势影响其他用户收益的现象。这些现象会令联邦学习的参与方因利益分配不均匀而放弃联合建模。为了避免这种状况发生，设计合理的激励机制保证多用户有动机参与联合建模并从结果中公平获益是至关重要的。借助区块链对元数据信息和模型参数持久化、管理数据操作的完整生命周期，能够推动建立公平的合作机制，有利于激励更多参与方加入数据联邦。本节将介绍利用已有的区块链 BaaS 平台，使用智能合约技术管理联合建模过程中的元数据和任务状态参数，保证建模流程可信、可追溯。

区块链是一种分布式账本技术。将区块链和 FATE 框架相结合，在逻辑上可以被简单地理解为使 FATE 框架能支持一个新的存储引擎，类似于将不同的数据保存到不同的 MySQL 表中，将模型的元数据、训练过程中的参数及训练任务运行状态保存到不同的智能合约中。

参考 FATE 中所有继承 DataBaseModel 的子类，以组件执行任务流程存证为例，首先应创建智能合约中的数据存储结构。

```
class Task(ContractModel):

contract_addr = Web3.toChecksumAddress(ContractAddressMap
['task'])
    json_abi = json.dumps(ContracABIMap['task'])

    def __init__(self):
        # multi-party common configuration
```

```python
        self.f_job_id = ''
        self.f_component_name = ''
        self.f_task_id = ''
        self.f_task_version = 0
        self.f_status = ''
        # this party configuration
        self.f_role = ''
        self.f_party_id = ''
        self.f_run_ip = ''
        self.f_run_pid = 0
        self.f_party_status = ''
        self.f_create_time = 0
        self.f_update_time = 0
        self.f_start_time = 0
        self.f_end_time = 0

    def keys(self):
        return ['f_job_id', 'f_component_name', 'f_task_id', 'f_status', 'f_role',
            'f_party_id','f_run_ip', 'f_run_pid', 'f_party_status', 'f_create_time',
            'f_update_time','f_start_time', 'f_end_time', 'participant']

    def __getitem__(self, item):
        if item == "participant":
            return Web3.toChecksumAddress(participant)
        return getattr(self, item)
```

现有的区块链 BaaS 平台基于以太坊实现，所以在 contract_addr 和 json_abi 中保存以太坊上的合约地址及合约二进制程序接口（ABI）。需要注意的是，

participant 应为以太坊中的账户地址,也就是联邦学习参与方所对应的以太坊账户地址。

其次,创建一个 Adapter 用于创建以太坊连接,以及与以太坊上的合约进行交互,代码示例如下:

```
class EthAdapter(object):
    def __init__(self):
        self.web3 = Web3(Web3.HTTPProvider('http://25.0.11.5:30000'))
        self.web3.middleware_onion.inject(geth_poa_middleware, layer=0)
        self.web3.eth.defaultAccount = self.web3.eth.accounts[0]
        self.contract = None

    def get_conn(self, addr, abi):
        return self.web3.eth.contract(address=addr, abi=abi)

    def get(self, key, contract_addr, json_abi):
        try:
            conn = self.get_conn(contract_addr, json_abi)
            res = conn.functions.getContent(key).call({'gas': 3000000})
            if res:
                LOGGER.info('get from contract, {}:{}'.format(model.contract_addr, key))
            else:
                LOGGER.info('get from eth return nil, addr={}'.format(model.contract_addr))
            return res
        except Exception as e:
            LOGGER.exception(e)
```

```python
                LOGGER.error('get from eth failed')
                return None

    def create(self, model):
        try:
            conn = self.get_conn(model.contract_addr, model.json_abi)
            key = conn.functions.Create(**dict(model)).transact({'gas': 3000000})
            LOGGER.info('set {}:{} into {}.'.format(model.f_job_id, model.f_task_id,
        model.contract_addr))
            return key
        except Exception as e:
            LOGGER.exception(e)
            LOGGER.info('set {}:{} into {} failed.'.format(model.f_job_id,
        model.f_task_id, model.contract_addr))

    def update(self, key, model):
        try:
            conn = self.get_conn()
            tx_hash = conn.functions.UpdateContent(key, **dict(model)).transact({'gas': 3000000})
            tx_receipt = self.web3.eth.waitForTransactionReceipt(tx_hash)
            log_to_process = tx_receipt['logs'][0]
            log = conn.events.Receipt().processLog(log_to_process)
            res = log.args.res
            key = Web3.toHex(res)
```

```
            LOGGER.info('update {} into {}.'.format(key, model.
contract_addr))
        except Exception as e:
            LOGGER.exception(e)
            LOGGER.info('update {} into {} failed.'
                .format(key, model.contract_addr))
```

Web3 是以太坊官方提供的用于连接以太坊节点的一套 API，可以通过 HTTP 与节点通信，调用合约并监听合约状态，在 EthAdapter 类中实现连接以太坊节点及对以太坊合约的创建、更新、查询操作。

通过以 ContractModel 为基类实现不同的子类支持不同的存证合约，包括训练数据的元数据、模型元数据、状态数据等，然后在算法组件中或者在 FATE-Flow 的 task_scheduler.py 文件中选择合适的时机创建 EthAdapter 对象并调用与合约交互的方法，最终实现联邦学习和区块链相结合的目标。

6.5.3 多参与方自动统计任务

由于数据隐私保护的需要，在使用 FATE 进行数据分析的过程中，不仅涉及联合建模，还涉及一些数据港中的统计分析任务。例如，数据集合并、求交、求和、求平均等。这些任务的运行频率往往高于建模任务的运行频率，需要每日按时运行。因此，需要自动化地串联数据接入和数据分析任务。本节将介绍如何基于文件监听机制和 FATE-Flow SDK 实现如图 6-5-2 所示的数据统计任务自动化流程。

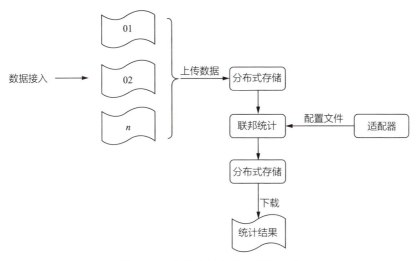

图 6-5-2 数据统计任务自动化流程

1. 数据采集和监听

数据采集服务和联邦学习可以共享同一个目录用于存放结构化数据，当采集完成后，通过专线将数据传输到该指定目录下。例如，/data 目录。Inotify 是 Linux 提供的文件系统监听机制，可以监控文件新增、修改、删除等操作。基于 Inotify 机制可以实现文件监听功能，如下例：

```
import os
import pyinotify
from functions import *
from job_manager import Job

WATCH_PATH = ''  # 监控目录
job = Job()
......
class OnIOHandler(pyinotify.ProcessEvent):
    def process_IN_CREATE(self, event):
        if event.name == "statistic_data.csv":
```

```
            job.start()
            wlog('Action', "create file: %s " % os.path.join(event.
path, event.name))

        def process_IN_MODIFY(self, event):
            if event.name == "statistic_data.csv":
                job.start()
                wlog('Action', "modify file: %s " % os.path.join(event.
path, event.name))

    def auto_compile(path='.'):
        wm = pyinotify.WatchManager()
        mask = pyinotify.IN_CREATE | pyinotify.IN_DELETE |
pyinotify.IN_MODIFY
        notifier = pyinotify.ThreadedNotifier(wm, OnIOHandler())
        notifier.start()
        wm.add_watch(path, mask, rec=True, auto_add=True)
        wlog('Start Watch', 'Start monitoring %s' % path)
        while True:
            try:
                notifier.process_events()
                if notifier.check_events():
                    notifier.read_events()
            except KeyboardInterrupt:
                notifier.stop()
                break

    if __name__ == "__main__":
        auto_compile(WATCH_PATH)
```

当监听器发现创建或修改数据描述文件时，表示待统计数据已传输完毕，接下来应完成数据自动上传、统计、下载的流程。

2. 自动统计流程实现

FATE 任务中有两个必需的配置文件，即 conf 文件和 dsl 文件。因此，需先自动化生成这两个配置文件。由于这些任务需求相对固定，可以预先设计标准化任务配置文件，生成配置文件的适配器，当每次发起任务时，根据任务类型选择不同的统计配置模板，仅需依照数据文件名修改配置文件中的 tablename 和 namespace 字段，便可以通过 FATE-Flow 将任务提交到 FATE 框架中，具体如下。

首先，参考 FATE 开源社区提供的 flow_sdk 连接 FATE 训练服务：

```
client = MyClient('127.0.0.1', 9000, 'v1')
class MyClient(BaseFlowClient):
    def __init__(self, ip, port, version):
        super().__init__(ip, port, version)
        self.API_BASE_URL = 'http://%s:%s/%s/' % (ip, port, version)
```

其次，依次生成配置文件并调用数据上传、数据统计、数据下载任务。需要注意的是，由于每步的完成都需要一定的时间，因此需要通过监听任务完成状态，实现同步。

```
    def submit(self, conf_path, dsl_path=None, job_name, file_name=None):
        if not os.path.exists(conf_path):
            raise FileNotFoundError('Invalid conf path, file not exists.')
        kwargs = locals()
        config_data, dsl_data = ConfigAdapter(**kwargs)
        post_data = {
```

```
            'job_dsl': dsl_data,
            'job_runtime_conf': config_data
        }
    def upload(self, conf_path, verbose=0, drop=0):
        kwargs = locals()
        kwargs['drop'] = int(kwargs['drop']) if int(kwargs['drop']) else 2
        kwargs['verbose'] = int(kwargs['verbose'])
        config_data, dsl_data = ConfigAdapter(**kwargs)
    return self._post(url='data/upload', json=config_data)

    def download(self, conf_path):
    kwargs = locals()
    config_data, dsl_data = ConfigAdapter(**kwargs)
    response = self._post(url='data/download', json=config_data)
    try:
    if response['retcode'] == 999:
    start_cluster_standalone_job_server()
            return self._post(url='data/download', json=config_data)
        else:
            return response
    except:
        pass
```

第 7 章
联邦学习平台实践之建模实战

传统的风控模型搭建往往基于用户的信用特征，训练逻辑回归来评估信贷用户的逾期风险。通过多方合规的联邦数据建模，风控模型的效果往往得到显著的提升。本章结合金融控股集团内部成员企业的信贷风控业务诉求，在 FATE 集群上完整地介绍横向和纵向联邦逻辑回归的实践操作，包括数据准备、模型训练、效果评价和模型预测。

7.1 横向联邦学习场景

7.1.1 建模问题与环境准备

在该实践场景中，金融控股集团内部成员企业分别提供样本不同而特征相同的数据集。每个数据集均包括用户年龄、性别、婚姻状况、过去的账单金额、还款情况等 9 个特征变量和表现期内是否逾期这一目标变量。

实践算法：横向联邦逻辑回归。

实践流程：如图 7-1-1 所示。

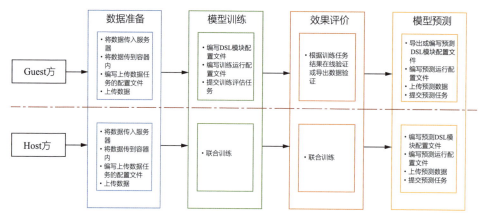

图 7-1-1　横向联邦学习实践流程图

实践环境：集团云桌面、FATE 1.5.0 Docker 集群版本。

1. Host 方的实践环境

（1）服务器地址。

25.2.16.110 party_id:9999。

（2）创建项目路径。

```
$mkdir /data/projects/fate/python/fate_jobs/homo_lr
```

（3）数据集。

训练集 credit_host_train.csv，测试集 credit_host_test.csv，预测集 credit_host_predict.csv。

（4）配置文件。

上传数据任务的配置文件如下。

上传训练数据：upload_host_train_conf.json。

上传测试数据：upload_host_test_conf.json。

上传预测数据：upload_host_predict_conf.json。

预测任务的配置文件如下。

DSL 模块配置文件：host_predict_dsl.json。

预测运行配置文件：host_predict_conf.json。

2. Guest 方的实践环境

（1）服务器地址。

25.2.16.109 party_id:10000。

（2）创建项目路径。

```
$mkdir /data/projects/fate/python/fate_jobs/homo_lr
```

（3）数据集。

训练集 credit_guest_train.csv，测试集 credit_guest_test.csv，预测集 credit_guest_predict.csv。

（4）配置文件。

上传数据任务的配置文件如下。

上传训练数据：upload_guest_train_conf.json。

上传测试数据：upload_guest_test_conf.json。

上传预测数据：upload_guest_predict_conf.json。

训练任务的配置文件如下。

DSL 模块配置文件：homo_lr_train_dsl.json。

训练运行配置文件：homo_lr_train_conf.json。

预测任务的配置文件如下。

DSL 模块配置文件：guest_predict_dsl.json。

预测运行配置文件：guest_predict_conf.json。

7.1.2 横向联邦学习建模实践过程

在 FATE 集群上，我们将该实践过程划分为 4 个组成部分，分别是数据准备、模型训练、效果评价和模型预测。接下来，我们详细介绍上述 4 个组成部分的实践结果。

1. 数据准备

数据准备包含将数据传入 Host 方（Guest 方）服务器、将数据从服务器容器外传到容器内、编写上传数据任务的配置文件和上传数据到联邦学习平台。

（1）将数据传入 Host 方（Guest 方）服务器。

（2）使用指令"docker cp {容器外路径} {容器名:容器内项目路径}"将数据从服务器容器外传到容器内，并使用以下指令进入项目路径。

① 查看容器 ID。

```
docker ps
```

② 进入容器。

```
docker exec -it {容器 ID} bash
```

③ 进入项目路径。

```
cd /data/projects/fate/python/fate_jobs/homo_lr_credit
```

（3）编写上传数据任务的配置文件

以训练集 credit_guest_train.csv 的配置文件 upload_guest_train_conf.json 为例。

```
{
    "file":"/data/projects/fate/python/fate_jobs/homo_lr_credit/credit_guest_train.csv",
    "id_delimiter": ",",
    "head":1,
    "partition":4,
    "work_mode":1,
    "backend":0,
    "namespace": "homolr",
    "table_name": "credit_guest_train"
}
```

以下为参数含义，加 "*" 的为关键参数。

*file：文件路径。

id_delimiter：分隔符。

partition：指定用于存储数据的分区数。

*work_mode：指定工作模式。0 代表单机版，1 代表集群版。

backend：指定后端。0 代表 EGGROLL，1 代表 SPARK。

namespace 和*table_name：存储数据表的标识符号。

（4）上传数据到联邦学习平台。

① 使用 upload 命令上传数据。

```
flow data upload -c {任务配置文件路径}
```

例如：

```
flow data upload -c upload_guest_train_conf.json
```

② 进入 FATE-Board（http://25.2.16.109:8080），显示数据上传成功，如图 7-1-2 所示。

图 7-1-2　数据上传成功

③ Host 方和 Guest 方用同样的方式分别上传需要用的所有数据集。

Host 方：训练集 credit_host_train.csv、测试集 credit_host_test.csv。

Guest 方：训练集 credit_guest_train.csv（在上面的例子中已上传）、测试集 credit_guest_test.csv。

2. 模型训练

模型训练包含编写 DSL 模块配置文件、训练运行配置文件，以及提交训练评估任务。

1）编写 DSL 模块配置文件

DSL 模块配置文件用于定义所用到的模块与模块间的输入和输出连接。

模块定义在"components"之下，需要包括以下几项。

module：模块名。

input：输入。

output：输出。

必须包括的模块是 Reader，用于读取上传的数据。Reader 模块只定义输出，如下所示。

```
"reader_0":{
    "module": "Reader",
    "output": {
        "data": [
            "data"
        ]
    }
}
```

本案例使用的其他模块包括 DataIO、HomoLR 和 Evaluation。

每个模块都需要定义输入和输出，输入和输出可以是 data 和 model 两种类型，如下所示。

（1）数据转化。

```
"dataio_0":{
    "module": "DataIO",
    "input": {
        "data": [
            "data": [
                "reader_0.data"
            ]
        ]
    },
    "output":{
        "data":[
            "data"
        ],
        "model":[
            "model"
        ]
    }
}
```

（2）横向联邦模型训练。输入训练集数据，输出训练集预测结果数据和逻辑回归模型。

```
"homo_lr_0":{
    "module": "HomoLR",
    "input": {
        "data": [
            "train_data":[
                "dataio_0.data"
            ]
        ]
    },
```

```
    "output":{
        "data":[
            "data"
        ],
        "model":[
            "model"
        ]
    }
}
```

（3）横向联邦模型验证。输入测试集数据和逻辑回归模型，输出测试集预测结果数据。

```
"homo_lr_1":{
    "module": "HomoLR",
    "input": {
        "data": [
            "test_data":[
                "dataio_1.data"
            ]
        ],
        "model":[
            "homo_lr_0.model"
        ]
    },
    "output":{
        "data":[
            "data"
        ],
        "model":[
            "model"
        ]
```

（4）输入训练集和测试集，对其做模型评价。

```
"evaluation_0":{
  "module": "Evaluation",
  "input": {
    "data": [
      "data": [
        "homo_lr_0.data",
        "homo_lr_1.data"
      ]
    ]
  },
  "output":{
    "data":[
      "data"
    ]
  }
}
```

2）编写训练运行配置文件

训练运行配置文件用于定义建模参与方信息和每个模块的参数，包括以下几项。

（1）dsl_version：使用 DSL V2。

（2）initiator：建模发起者。

（3）role：所有建模参与方的基本信息。

（4）job_parameters：任务参数配置，设置 job_type 和 work_mode。在"common"字段中配置所有参与方的任务参数，在"role"字段中配置每个参与方独自所有的任务参数。

(5) components_parameters：各模块的参数配置，类似于 job_parameters 中的配置方式。下面以 homo_lr_train_conf.json 为例。

```
"component_parameters":{
    "common":{
        "dataio_0":{
            "with_label":true,
            "output_format":"dense"
        },
        "homo_data_split_0":{
            "test_size":0.0,
            "validate_size":0.3,
            "stratified":true
        },
        "homo_lr_0":{
            "penalty": "L2",
            "tol": 1e-5,
            "alpha": 0.01,
            "optimizer":"rmsprop"
            "max_iter": 20,
            "batch_size": 320,
            "learning_rate": 0.10,
            "init_param": {
                "init_method": "zeros"
            },
            "encrypt_param":{
                "method":null
            },
            "early_stop":"diff",
            "cv_param": {
                "n_splits": 4,
                "shuffle": false,
```

```
                    "random_seed": 103,
                    "need_cv": false,
                },
                "validation_freqs":1
            },
            "evaluation_0":{
                "eval_type":"binary"
            }
        },
        "role":{
            "host":{
                "0":{
                    "evaluation_0":{
                        "need_run":false
                    },
                    "reader_1":{
                        "table":{
                            "name":"credit_host_test",
                            "namespace":"homolr"
                        }
                    },
                    "reader_0":{
                        "table":{
                            "name":"credit_host_train",
                            "namespace":"homolr"
                        }
                    }
                }
            },
            "guest":{
                "0":{
                    "reader_1":{
```

```
            "table":{
                "name":"credit_guest_test",
                "namespace":"homolr"
            }
        },
        "reader_0":{
            "table":{
                "name":"credit_guest_train",
                "namespace":"homolr"
            }
        }
    }
  }
}
```

3）提交训练评估任务

(1) 使用 submit 命令提交 Pipeline 任务。

```
flow job submit -c {运行配置文件路径} -d {DSL模块配置文件路径}
```

例如：

```
flow job submit -c homo_lr_train_conf.json -d homo_lr_train_dsl.json
```

(2) 在提交成功后，可以看到模型信息（在后面的预测流程中会使用），如图 7-1-3 所示。

```
"model_info": {
    "model_id": "arbiter-9999#guest-10000#host-9999#model",
    "model_version": "20210202015414246603379"
},
```

图 7-1-3　模型信息

3. 效果评价

效果评价是指在模型训练模块运行成功后，查看预测结果和评价模型效果。

根据提交任务成功后所得的模型信息（如图 7-1-3 所示），在联邦学习平台的 FATE-Board 上查看训练结果。

（1）各模块运行成功，如图 7-1-4 所示。

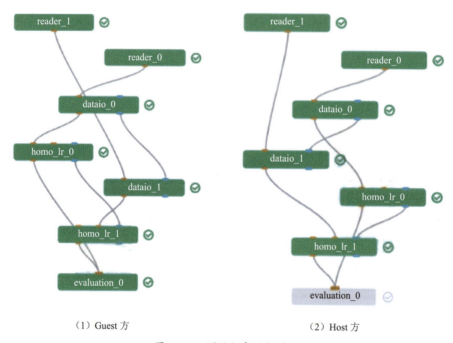

（1）Guest 方　　　　　　　　（2）Host 方

图 7-1-4　训练任务运行界面

（2）单击"homo_lr_0"→"view output"→"model output"选项，查看模型训练结果，如图 7-1-5 所示。

图 7-1-5　模型训练结果

（3）单击"homo_lr_1"→"view ouput"→"data output"选项，可以查看测试集的预测结果，如图 7-1-6 所示。

图 7-1-6　测试集的预测结果

可将数据导出，进行本地验证，其提交命令为

```
flow component output-data -j {JOB_ID} -r {role} -p {port} -cpn {module} --output-path .
```

在本例子中，提交命令为

```
flow component output-data -j 20210202015414224660379 -r guest -p 10000 -cpn homo_lr_1 --output-path .
```

（4）单击"evaluation_0"→"view ouput"选项，可以查看训练集和测试集预测结果的评价指标，如图 7-1-7 所示。

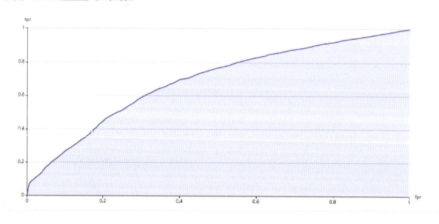

图 7-1-7　训练集和测试集的评价指标

评价指标仅可在 Guest 方进行查看。

4. 模型预测

模型预测包含 Guest 方离线预测和 Host 方离线预测。

对于 Guest 方离线预测来说，该过程由上传预测数据、导出或编写预测 DSL 模块配置文件、编写预测运行配置文件、提交预测任务和导出预测结果组成。

1）上传预测数据

由于这里使用的是离线预测模式，需要上传预测用的数据，操作同第一步的数据准备。

2）导出或编写预测 DSL 模块配置文件

（1）可以通过指令导出预测 DSL 模块配置文件。

```
flow job dsl --train-dsl-path {训练 DSL 模块配置文件路径} --cpn-list {模块名称} -o {导出路径}
```

例如：

```
flow job dsl --train-dsl-path homo_lr_train_dsl.json --cpn-list "reader_0,dataio_0,homo_lr_0" -o .
```

（2）可以自己编写预测 DSL 模块配置文件。

```
{
    "components":{
        "reader_0":{
            "module":"Reader",
            "output":{
                "data":[
                    "data"
```

```
            ]
        }
    },
    "dataio_0":{
        "module":"DataIO",
        "input": {
            "model":[
                Pipeline.dataio.data
            ],
            "data": {
                "data":[
                    "reader_0.data"
                ]
            }
        },
        "output":{
            "data":[
                "data"
            ]
        }
    },
    "homo_lr_0":{
        "module":"HomoLR",
        "input":{
            "model":[
                Pipeline.homo_lr_0.model"
            ],
            "data":{
                "test_data":[
                    "dataio_0.data"
                ]
            }
```

```
        },
        "output":{
            "data":[
                "data"
            ]
        }
    }
}
```

3）编写预测运行配置文件

```
{
    "dsl_version":2,
    "initiator":{
        "role":"guest",
        "party_id":10000
    },
    "role":{
        "guest":[
            10000
        ],
        "host":[
            9999
        ],
        "arbiter":[
            9999
        ]
    },
    "job_parameters":{
        "common":{
            "work_mode":1,
            "backend":0,
```

```
            "job_type":predict,
            "model_id":"arbiter-9999#guest-10000#host-9999#model",
            "model_version":"20210202015414246603790"
        }
    },
    "component_parameters":{
        "common":{
            "dataio_0":{
                "with_label":true,
                "output_format":"dense"
            }
        },
        "role":{
            "guest":{
                "0":{
                    "reader_0":{
                        "table":{
                            "name":"credit_guest_predict",
                            "namespace":"homolr"
                        }
                    }
                }
            },
            "host":{
                "0":{
                    "reader_0":{
                        "table":{
                            "name":"credit_guest_predict",
                            "namespace":"homolr"
                        }
                    }
                }
```

```
        }
      }
   }
}
```

需要注意以下几点。

（1）initiator：填写 Guest 方的信息。

（2）job_parameters：填写训练任务提交成功时获得的模型信息（如图 7-1-3 所示）。

（3）component_parameters: Guest 方填写需要预测的数据集名称，Host 方填写 Host 方上传的预测数据集名称。

4）提交预测任务

使用 submit 命令提交任务，如：

```
flow job submit -c guest_predict_conf.json -d guest_predict_dsl.json
```

预测任务运行界面如图 7-1-8 所示。

图 7-1-8　预测任务运行界面

5）导出预测结果

```
flow component output-data -j {JOB_ID} -r {role} -p {port} -cpn
```

```
homo_lr_0 --output-path .
```

例如：

```
flow component output-data -j 20210202015414343260380 -r guest -p
10000 -cpn homo_lr_1 --output-path .
```

同样，Host 方离线预测也包含上述 5 个步骤。

1）上传预测数据

由于这里使用的是离线预测模式，需要上传预测用的数据，操作同第一步的数据准备。

2）编写预测 DSL 模块配置文件

Host 方如果之前没有自行运行训练任务，那么不能从训练任务中自动导出 DSL 模块配置文件，需用户自己编写，可以参照 Guest 方的 DSL 模块配置文件自行编写，修改部分参数信息。

3）编写预测运行配置文件

参照 Guest 方的文件，需要修改以下部分。

（1）initiator：填写 Host 方的信息。

```
"initiator":{
    "role":"host",
    "party_id":9999
}
```

（2）component_parameters: Host 方填写需要预测的数据集名称，Guest 方填写 Guest 方上传的任一数据集名称。

4）提交预测任务

使用 submit 命令提交任务，如：

```
flow job submit -c host_predict_conf.json -d host_predict_dsl.json
```

5）导出预测结果

```
flow component output-data -j {JOB_ID} -r {role} -p {port} -cpn homo_lr_0 --output-path .
```

例如：

```
flow component output-data -j 2021022510073686073121 -r host -p 9999 -cpn homo_lr_0 --output-path .
```

可以在项目路径下看到导出的文件夹和文件夹下的预测结果，如图 7-1-9 所示。

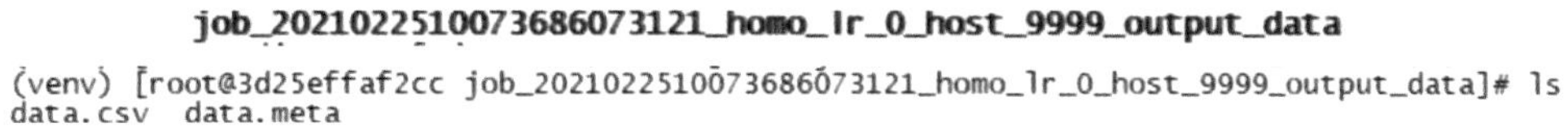

```
job_20210225100T3686073121_homo_lr_0_host_9999_output_data
(venv) [root@3d25effaf2cc job_20210225100T3686O73121_homo_lr_0_host_9999_output_data]# ls
data.csv   data.meta
```

图 7-1-9　预测结果

7.2　纵向联邦学习场景

7.2.1　建模问题与环境准备

在该实践场景中，金融控股集团内部成员企业分别提供样本重叠但特征不同的数据集。其中，Guest 方数据集包括历史账单金额、履约行为等 13 个特征变量和表现期内是否逾期这一目标变量，而 Host 方数据集包括用户基础信息和保险核保信息等 10 个特征变量。

实践算法：纵向联邦逻辑回归。

实践流程：如图 7-2-1 所示。

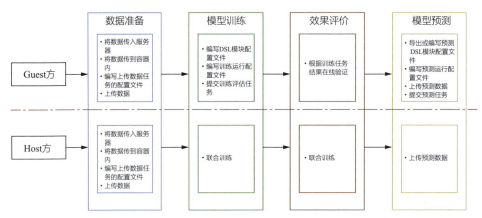

图 7-2-1　纵向联邦实践流程图

实践环境：集团云桌面、FATE 1.5.0 Docker 集群版本。

1. Host 方的实践环境

（1）服务器地址。

25.2.16.110 party_id:9999。

（2）创建项目路径。

```
$mkdir /data/projects/fate/python/fate_jobs/hetero_lr
```

（3）数据集。

训练集 heterolr_host_train.csv，测试集 heterolr_host_test.csv，预测集 heterolr_host_predict.csv。

（4）配置文件。

上传数据任务的配置文件如下。

上传训练数据：upload_host_train_conf.json。

上传测试数据：upload_host_test_conf.json。

上传预测数据：upload_host_predict_conf.json。

2. Guest 方的实践环境

（1）服务器地址。

25.2.16.109 party_id:10000。

（2）创建项目路径。

```
$mkdir /data/projects/fate/python/fate_jobs/hetero_lr
```

（3）数据集。

训练集 heterolr_guest_train.csv，测试集 heterolr_guest_test.csv，预测集 heterolr_guest_predict.csv。

（4）配置文件。

上传数据任务的配置文件如下。

上传训练数据：upload_guest_train_conf.json。

上传测试数据：upload_guest_test_conf.json。

上传预测数据：upload_guest_predict_conf.json。

训练任务的配置文件如下。

DSL 模块配置文件：heterolr_train_dsl.json。

训练运行配置文件：heterolr_train_conf.json。

预测任务的配置文件如下。

DSL 模块配置文件：guest_predict_dsl.json。

预测运行配置文件：guest_predict_conf.json。

7.2.2 纵向联邦学习建模实践过程

同样，纵向联邦学习建模实践过程也被划分为 4 个组成部分，分别是数据准备、模型训练、效果评价和模型预测。

1. 数据准备

数据准备包含将数据传入 Host 方（Guest 方）服务器、将数据从服务器容器外传到容器内、编写上传数据任务的配置文件和上传数据到联邦学习平台，与 7.1.2 节横向联邦学习建模一致。

用同样的方式上传 Host 方和 Guest 方需要用的所有数据集。

（1）Host 方：训练集 heterolr_host_train.csv、测试集 heterolr_host_test.csv。

（2）Guest 方：训练集 heterolr_guest_train.csv、测试集 heterolr_guest_test.csv。

2. 模型训练

模型训练包含编写 DSL 模块配置文件、训练运行配置文件，以及提交训练评估任务。

1）编写 DSL 模块配置文件

本案例使用的模块包括 DataIO、Intersection、Hetero_lr 和 Evaluation。其中，Intersection 模块是纵向联邦学习中特别的模块，下面仅单独介绍此模块的配置，其他模块的配置可参考横向联邦学习建模案例。

Intersection 模块用于将双方的数据集取交集。intersection_0 将 Guest 方和 Host 方的训练集取交集，intersection_1 将 Guest 方和 Host 方的测试集取交集。

```
"intersection_0": {                    "intersection_1":{
  "module": "Intersection",              "module": "Intersection",
  "input": {                             "input": {
    "data": {                              "data": {
      "data": [                              "data": [
        "dataio_0.data"                        "dataio_1.data"
      ]                                      ]
    }                                      }
  },                                     },
  "output": {                            "output": {
    "data": [                              "data": [
      "data"                                 "data"
    ],                                     ]
    "model": [                           }
      "model"                          },
    ]
  }
},
```

2）编写训练运行配置文件

训练运行配置文件用于定义每个模块的参数，包括 role、job_parameters 和 components_parameters 等。其中，components_parameters 不同于 7.1.2 节。

components_parameters 是各组件参数配置。下面以 heterolr_train_conf.json 为例。

```
"component_parameters": {
    "common": {
        "dataio_0": {
            "output_format": "dense"
        },
        "hetero_lr_0": {
            "penalty": "L2",
            "tol": 0.0001,
            "alpha": 0.01,
            "optimizer": "rmsprop",
            "batch_size": -1,
            "learning_rate": 0.15,
            "init_param": {
                "init_method": "zeros"
            },
            "max_iter": 30,
            "early_stop": "diff",
            "cv_param": {
                "n_splits": 5,
                "shuffle": false,
                "random_seed": 103,
                "need_cv": false
            },
            "sqn_param": {
                "update_interval_L": 3,
```

```
                "memory_M": 5,
                "sqmple_size": 5000,
                "random_seed": null
            }
        },
        "role": {
            "guest": {
                "0": {
                    "reader_0": {
                        "table": {
                            "name": "heterolr_guest_train",
                            "namespace": "heterolr"
                        }
                    },
                    "reader_1": {
                        "table": {
                            "name": "heterolr_guest_test",
                            "namespace": "heterolr"
                        }
                    },
                    "dataio_0": {
                        "with_label": true
                    }
                }
            },
            "host": {
                "0": {
                    "reader_0": {
                        "table": {
                            "name": "heterolr_host_train",
                            "namespace": "heterolr"
                        }
```

```
            },
            "reader_1": {
                "table": {
                    "name": "heterolr_host_test",
                    "namespace": "heterolr"
                }
            },
            "dataio_0": {
                "with_label": false
            }
        }
    }
}
```

3）提交训练评估任务

（1）使用 submit 命令提交 Pipeline 任务。

```
flow job submit -c {运行配置文件路径} -d {DSL模块配置文件路径}
```

例如：

```
flow job submit -c heterolr_train_conf.json -d heterolr_train_dsl.json
```

（2）在提交成功后，可以看到模型信息（在后面的预测流程中会使用），如图 7-2-2 所示。

```
{
    "data": {
        "board_url": "http://fateboard:8080/index.html#/dashboard?job_id=20210301095116632978121&role=guest&party_id=10000",
        "job_dsl_path": "/data/projects/fate/jobs/20210301095116632978121/job_dsl.json",
        "job_id": "20210301095116632978121",
        "job_runtime_conf_on_party_path": "/data/projects/fate/jobs/20210301095116632978121/guest/job_runtime_on_party_conf.json",
        "job_runtime_conf_path": "/data/projects/fate/jobs/20210301095116632978121/job_runtime_conf.json",
        "logs_directory": "/data/projects/fate/logs/20210301095116632978121",
        "model_info": {
            "model_id": "arbiter-9999#guest-10000#host-9999#model",
            "model_version": "20210301095116632978121"
        },
        "pipeline_dsl_path": "/data/projects/fate/jobs/20210301095116632978121/pipeline_dsl.json",
        "train_runtime_conf_path": "/data/projects/fate/jobs/20210301095116632978121/train_runtime_conf.json"
    },
    "jobId": "20210301095116632978121",
    "retcode": 0,
    "retmsg": "success"
}
```

图 7-2-2　模型信息

3. 效果评价

在 FATE-Board 上可以看到，Guest 方已提交任务的地址为 25.2.16.109:8080/#/history，Host 方已提交任务的地址为 25.2.16.110:8080/#/history，如图 7-2-3 所示，根据 Job ID 可以查看相应的训练结果。

图 7-2-3　已提交任务界面

第 7 章　联邦学习平台实践之建模实战　｜　195

（1）各模块运行成功，如图 7-2-4 所示。

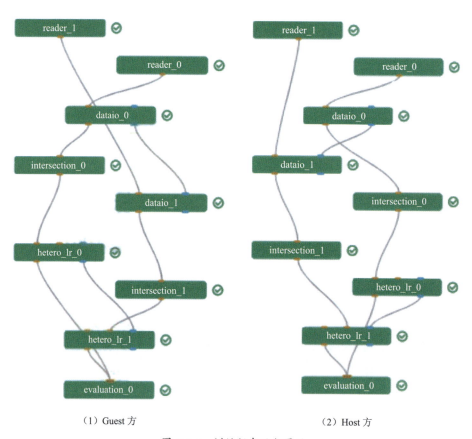

（1）Guest 方　　　　　　　　　　（2）Host 方

图 7-2-4　训练任务运行界面

（2）查看模型的参数。

对于 Guest 方来说，单击"hetero_lr_0"→"view the outputs"→"model output"选项，可以查看对应的模型参数，如图 7-2-5 所示。

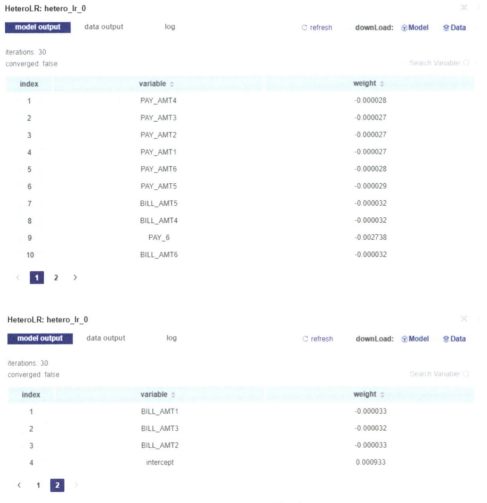

图 7-2-5　Guest 方的模型参数

对于 Host 方来说，单击 "hetero_lr_0" → "view the outputs" → "model output" 选项，可以查看对应的模型参数，如图 7-2-6 所示。

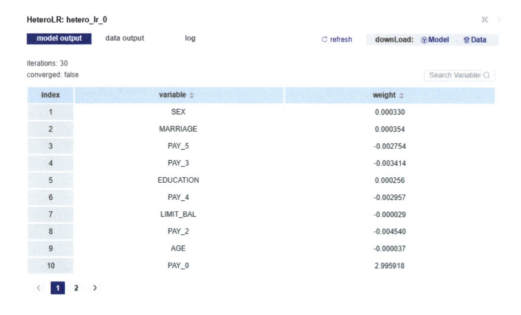

图 7-2-6　Host 方的模型参数

（3）单击"hetero_lr_1"→"view the ouputs"→"data output"选项，可以查看测试集的预测结果（仅 Guest 方可见），如图 7-2-7 所示。

图 7-2-7　测试集的预测结果

（4）单击"evaluation_0"→"view the ouputs"选项，可以查看训练集和测试集模型的一系列评价指标和混淆矩阵结果，如图 7-2-8～图 7-2-15 所示（仅 Guest 方可见）。

评价指标如图 7-2-8 所示。

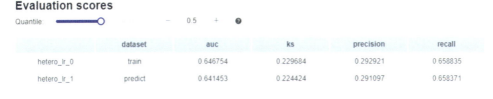

图 7-2-8　评价指标

评价指标曲线包含 ROC、K-S、Lift、Gain、Precision-Recall 和 Accuracy 曲线。

（1）ROC 曲线（如图 7-2-9 所示）。

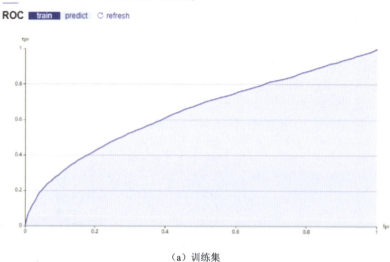

(a) 训练集

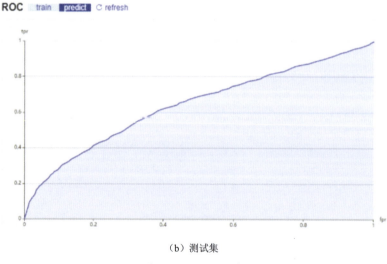

(b) 测试集

图 7-2-9　ROC 曲线

（2）K-S 曲线（如图 7-2-10 所示）。

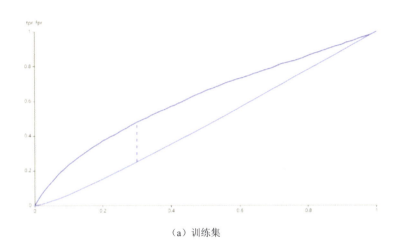

(a) 训练集

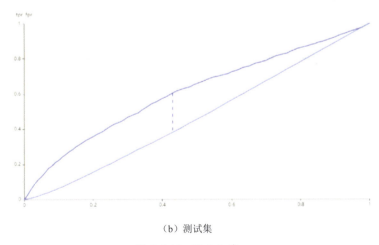

(b) 测试集

图 7-2-10　K-S 曲线

（3）Lift 曲线（如图 7-2-11 所示）。

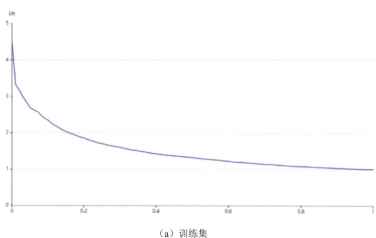

（a）训练集

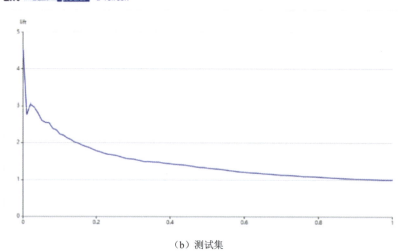

（b）测试集

图 7-2-11　Lift 曲线

（4）Gain 曲线（如图 7-2-12 所示）。

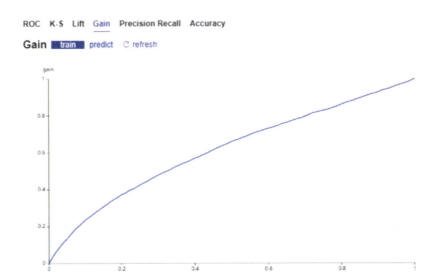

（a）训练集

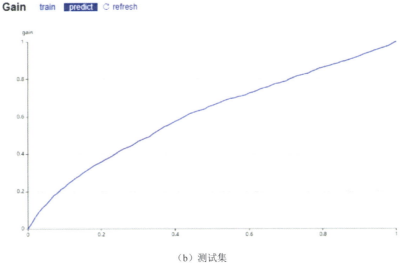

（b）测试集

图 7-2-12　Gain 曲线

（5）Precision-Recall 曲线（如图 7-2-13 所示）。

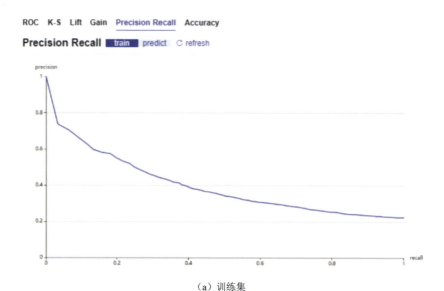

（a）训练集

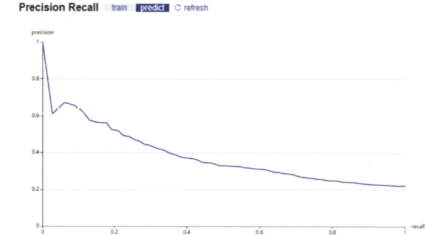

（b）测试集

图 7-2-13　Precision Recall 曲线

（6）Accuracy 曲线（如图 7-2-14 所示）。

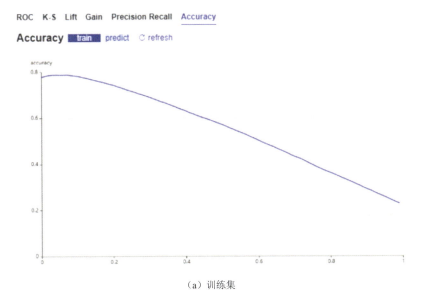

（a）训练集

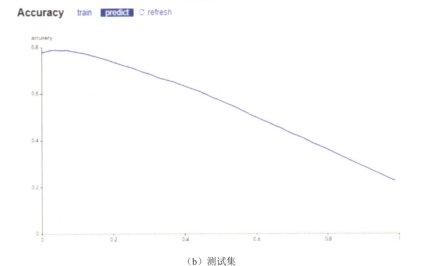

（b）测试集

图 7-2-14　Accuracy 曲线

混淆矩阵如图 7-2-15 所示。

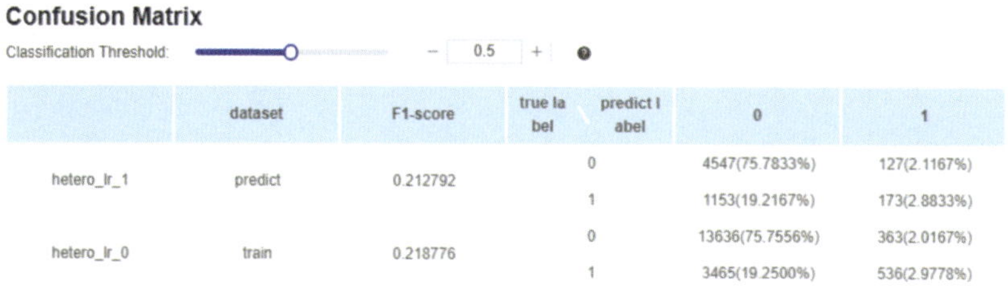

Confusion Matrix
Classification Threshold: 0.5

dataset	F1-score	true label	predict label	0	1
hetero_lr_1	predict	0.212792	0	4547(75.7833%)	127(2.1167%)
			1	1153(19.2167%)	173(2.8833%)
hetero_lr_0	train	0.218776	0	13636(75.7556%)	363(2.0167%)
			1	3465(19.2500%)	536(2.9778%)

（a）训练集　　　　　　　　　　　（b）测试集

图 7-2-15　混淆矩阵

4. 模型预测

仅 Guest 方可以得到离线预测结果。

与横向联邦学习场景类似，Guest 方离线预测过程由上传预测数据、导出或编写预测 DSL 模块配置文件、编写预测运行配置文件、提交预测任务和导出预测结果组成。

1）上传预测数据

这里是离线预测模式，参考前文中的上传数据操作，上传 Host 方预测集 heterolr_host_predict.csv 和 Guest 方预测集 heterolr_guest_predict.csv。

2）导出或编写预测 DSL 模块配置文件

（1）可以通过指令导出预测 DSL 模块配置文件。

```
flow job dsl --train-dsl-path {训练 DSL 模块配置文件路径} --cpn-list {模块名称} -o {导出路径}
```

例如：

```
flow job dsl --train-dsl-path heterolr_train_dsl.json --cpn-list
```

```
"reader_0,dataio_0,intersection_0,hetero_lr_0" -o.
```

（2）可以自己编写预测 DSL 模块配置文件。

3）编写预测运行配置文件

```
{
    "dsl_version": 2,
    "initiator": {
        "role": "guest",
        "party_id":10000
    },
    "role": {
        "guest": [
            10000
        ],
        "host": [
            9999
        ],
        "arbiter": [
            9999
        ]
    },
    "job_parameters": {
        "common": {
            "work_mode": 1,
            "backend": 0,
            "job_type": predict,
            "model_id": "arbiter-9999#guest-10000#host-9999#model",
            "model_version": "20210301095116632978121"
        }
    },
    "component_parameters": {
```

```
            "role": {
                "guest": {
                    "0": {
                        "reader_0": {
                            "table": {
                                "name": "heterolr_guest_predict",
                                "namespace": "heterolr"
                            }
                        }
                    }
                },
                "host": {
                    "0": {
                        "reader_0": {
                            "table": {
                                "name": "heterolr_host_predict",
                                "namespace": "heterolr"
                            }
                        }
                    }
                }
            }
        }
    }
}
```

需要注意以下几点。

（1）job_parameters：填写训练任务提交时的模型信息（如图 7-2-2 所示）。

（2）component_parameters：Guest 方填写需要预测的数据集名称，Host 方填写 Host 方上传的预测数据集名称。

4）提交预测任务

使用 submit 命令提交任务，如：

```
flow job submit -c guest_predict_conf.json -d guest_predict_dsl.json
```

预测任务运行界面如图 7-2-16 所示。

图 7-2-16　预测任务运行界面

5）导出预测结果

与横向联邦学习场景中模型预测时完全一致。

本节在横向联邦学习和纵向联邦学习两个场景中，通过一个实际数据集上的二分类预测问题的逻辑回归建模实践，展示了如何在联邦学习平台上利用多方数据进行多方合作建模，让你从一个建模师的视角全面了解联邦学习平台上的建模过程。按照这个流程操作，是快速学会使用联邦学习平台的途径。

第 8 章
跨机构联邦学习运营应用案例

8.1 跨机构数据统计

在大型金融控股集团中，各金融企业的用户信息常常是分散的。这些用户信息可能存在重叠部分，也就是说，不同的金融企业之间拥有共同的用户。对不同企业间的用户信息进行统计，有助于挖掘更多数据价值。例如，统计并分析用户在金融控股集团的总资产信息，能够帮助金融控股集团联合银行、保险、证券等业务设计整体营销方案，为用户提供个性化推荐服务，不仅降低了金融控股集团的运营成本，还提升了用户体验，实现了金融控股集团和用户间的双赢。

对于跨机构数据统计问题，在传统的方案中，金融控股集团通常会建立一个大型的数据中心。各金融企业将数据上传至数据中心，最终由数据中心对汇总后的数据进行统计。但是随着社会对用户隐私问题的重视程度逐渐提升，同时由于金融行业的特殊性，各级立法和监管机构出台多项法律法规和监管规定，加强对个人金融数据隐私的保护力度，传统的跨机构统计方法已无法满足对个人金融数据隐私保护的监管要求。如何保证数据传输的安全性和可靠性、如何管理和审计涉及多方交互的数据，并在合法合规的前提下实现跨机构数据统计，成为重要的技术难题。

在国内某金融控股集团的联邦数据治理实践过程中，针对跨机构用户资产求和这一场景，在 FATE 开源框架下实现基于可验证秘密共享（Verifiable Secret Sharing）的安全多方隐私求和方案[2]，能够在数据不出本地的情况下，对用户在多个机构的数据求和。

可验证秘密共享利用了拉格朗日插值定理[65]，$f(x)$ 是一个 $n-1$ 次多项式，(x,y) 是 $f(x)$ 上的一个点，当得到 $f(x)$ 上不少于 n 个点时，可以还原出唯一的 $f(x)$。在实践过程中，以三个机构间利用可验证秘密共享对同一个用户进行资产值求和为例，在三个机构中想得到资产和的一方为 Guest 方，其余提供用户在本机构内资产值的为 Host 方。基本原理如图 8-1-1 所示。

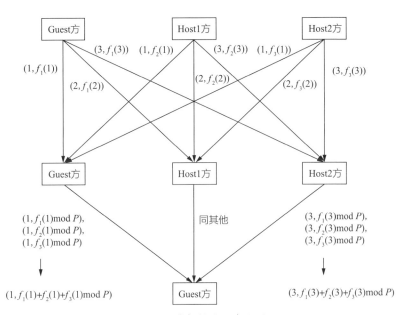

图 8-1-1 跨机构隐私求和原理

首先，Guest 方生成一个大素数 P 及其生成元 g（P 和 g 之间满足以下关系：$g^n \bmod P$ 在 $n=1,2,\cdots,P-1$ 的取值恰好为 $1,2,\cdots,P-1$），广播 P 和 g 用于数据验证。三方中每一方根据参与方个数 n 生成一个 $n-1$ 次多项式（例子中 $n=3$，生成二次多项式）。其中，a_0, b_0, c_0 是同一个用户在各方的资产值，$a_1,\cdots,a_{n-1}, b_1,\cdots,b_{n-1}, c_1,\cdots,c_{n-1}$ 则是随机数。

$$f_1(x) = a_0 + a_1 x + a_2 x^2 + \cdots + a_{n-1} x^{n-1}$$

$$f_2(x) = b_0 + b_1 x + b_2 x^2 + \cdots + b_{n-1} x^{n-1}$$

$$f_3(x) = c_0 + c_1 x + c_2 x^2 + \cdots + c_{n-1} x^{n-1}$$

其次，各方均计算子秘密

$$f_1(1), f_1(2), \cdots, f_1(n)$$

$$f_2(1), f_2(2), \cdots, f_2(n)$$

$$f_3(1), f_3(2), \cdots, f_3(n)$$

再次，每个参与方都将第 j 个子秘密分享给第 j 个参与方，分享的分片形式为 $(x, f(x) \bmod P)$，参与方 j 利用生成元 g 对收到的子秘密进行验证（在正常情况下，接收方可以验证 $g^{f(x)} \bmod P = c_0 c_1^x c_2^{x^2} \cdots c_{n-1}^{x^{n-1}} \bmod P$ 成立，满足加法同态），在验证通过后对收到的所有子秘密求和。例如，第 1 个参与方收到各方在 $x=1$ 上的子秘密 $(1, f_1(1) \bmod P), (1, f_2(1) \bmod P), (1, f_3(1) \bmod P)$，将子秘密求和得到 $(1, f_1(1) + f_2(1) + f_3(1) \bmod P)$，然后将其发送给 Guest 方。每个参与方只能得到其他参与方的一个子秘密，无法还原出其他方的真实数据。

最后，Guest 方汇总所有子秘密之和，得到

$$\mathrm{Sum}(x) = (a_0 + b_0 + c_0) + (a_1 + b_1 + c_1)x + (a_2 + b_2 + c_2)x^2$$

在 $x=1,2,3$ 的值。利用拉格朗日插值定理就可以还原出唯一的 $\mathrm{Sum}(x)$，其中参数 $a_0 + b_0 + c_0$ 就是想要得到的同一个用户在三个机构的资产和，并且 Guest 方仅得到了 $\mathrm{Sum}(x)$ 上的 n 个点，而没有得到足够的任意其他参与方生成的多项式上的点，因此无法还原出其他参与方的多项式，进而保证了 Guest 方无法得知其他参与方确切的用户资产值。这就意味着在没有暴露用户在任意机构资产值的前提下，通过联邦统计的模式得到了正确的用户资产和，满足了隐私求和的需要。

在 FATE 开源框架上具体的实现流程如图 8-1-2 所示，分为初始化、秘密分发、

秘密求和、秘密恢复四个阶段。Guest 方作为发起方，不仅承担普通参与方的职责，还负责执行初始化和秘密恢复两个阶段的任务。Guest 方和 Host 方之间的通信事件如表 8-1-1 所示。

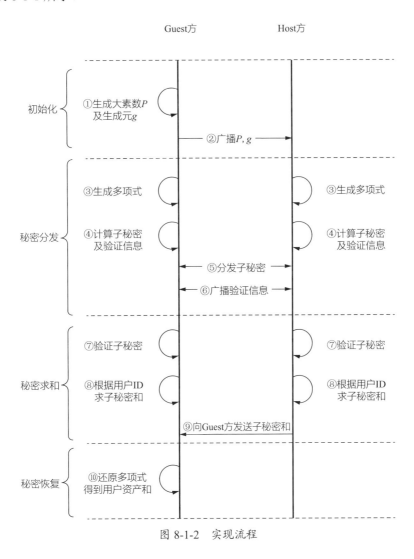

图 8-1-2　实现流程

表 8-1-1　Guest 方和 Host 方之间的通信事件

事件名称	事件描述	事件传输
guest_share_primes	广播大素数	Guest 方→Host 方
guest_share_secret	Guest 方分享子秘密	Guest 方→Host 方
host_share	Host 方分享子秘密	Host 方→Guest 方/Host 方
host_sum	Host 方返回子秘密之和	Host 方→Guest 方
guest_commitments	Guest 方广播验证信息	Guest 方→Host 方
host_commitments	Host 方广播验证信息	Host 方→Guest 方

国内某金融控股集团成员企业众多，现在集团需要联合多方，在集团和成员企业间搭建联邦学习平台，对在多家成员企业间的交叉用户进行资产求和，重点考查求和任务规模与开销的关系，并检查准确度。在金融控股集团科技公司搭建的包括多家成员企业的联邦学习平台上，首先由金融控股集团对三家子公司共四方的共同客户进行资产求和，在四个节点参与计算，用户数据量依次为 20 万、40 万、60 万、80 万和 100 万条的情况下，计算开销和用户数据量的关系如表 8-1-2 所示。计算代价与通信代价都与数据量成正比，扩展性良好。

表 8-1-2　开销与用户数据量的关系

数据量（条）	总耗时	通信耗时	正确率
20 万	03 分 53 秒	02 分 58 秒	100.00%
40 万	06 分 48 秒	04 分 54 秒	100.00%
60 万	10 分 05 秒	07 分 26 秒	100.00%
80 万	13 分 26 秒	10 分 08 秒	100.00%
100 万	18 分 26 秒	12 分 26 秒	100.00%

进一步测试，限制用户数据量为 20 万条，在参与方数量依次为 2、3、4 个的情况下，开销如表 8-1-3 所示。在此场景中，随着参与方增多，需要计算和通信的数据量都随参与方数量线性增长。计算代价和通信代价都与总体数据传输量成正比，扩展性良好。从这两个例子的表现数据中可知，利用基于可验证秘密共享

的安全多方隐私求和方案可以准确计算用户资产和，并且总耗时与数据传输量呈线性关系。

表 8-1-3　开销与参与方数量的关系

参与方数量（个）	总耗时	通信耗时	正确率
2	01 分 47 秒	00 分 56 秒	100.00%
3	02 分 44 秒	01 分 46 秒	100.00%
4	03 分 53 秒	02 分 58 秒	100.00%

8.2　在交叉营销场景中的联邦学习实践

8.2.1　联邦学习在交叉营销场景中的应用

交叉营销是指发现客户多种需求并有针对性地进行产品组合，促使客户在购买某种产品的同时可以继续购买其他关联产品。交叉营销的机遇可能来自不同领域产品的巧妙结合，以客户为中心的跨产品整合或者相互关联的多种营销渠道配置。但是成功的交叉营销不仅需要一定的管理哲学和销售技巧，而且离不开与其相匹配的数据基础作为决策支撑。

大数据挖掘和分布式处理技术的成熟应用为交叉营销领域提供了有力的技术支持。基于大数据分析客户的潜在需求，进行关联产品推荐，在提高客户转化率的同时还可以减少对客户的不必要打扰。但是，考虑到个人隐私保护和数据安全问题，不同的公司和机构之间的交叉营销，尤其是金融机构和互联网平台用户间无法直接进行数据融合与分析建模，使得更加广泛和更深层次的机构间产品交叉营销场景受到限制。

8.2.2　信用卡交叉营销的联邦学习案例

信用卡业务作为银行最前端的金融服务,是客户接入银行服务的主要渠道,一直以来都是各家银行营销的重点领域。但是随着我国线上金融行业的不断发展,原有的信用卡营销模式已经不能满足当前业务的发展需求。与此同时,各家银行也在积极布局线上生活消费服务类平台或者直接与现有互联网平台进行合作。针对已有的借记卡银行客户,结合具体消费场景的交叉营销与信用卡销售前移,已经成为银行信用卡获客新的营销重点。

本案例就是基于银行信用卡和互联网生活消费类平台的交叉营销成功案例。如果采用传统的单边营销模式,那么互联网生活消费类平台缺乏潜在的信用卡办卡客户的金融属性特征,而银行信用卡部门则缺少客户在具体消费场景中的行为数据。互联网生活消费类平台无法准确地筛选出银行信用卡部门想要营销的目标群体,银行信用卡部门则无法根据用户的消费行为有针对性地进行交叉营销。为了解决以上问题,在充分保护用户个人隐私数据的同时打破"数据孤岛",引入联邦学习技术,如图 8-2-1 所示。

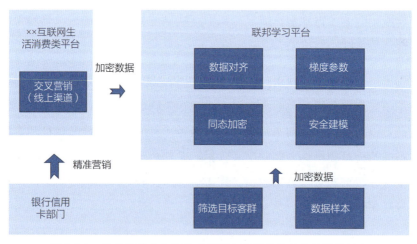

图 8-2-1　银行信用卡部门与互联网生活消费类平台的协作过程

在该案例中，银行信用卡部门先根据自有数据筛选出已经是银行客户但未办理该行信用卡的潜在营销对象，再通过联邦学习平台与互联网生活消费类平台进行数据对齐，各自进行模型训练并上传梯度参数，通过联邦学习联合建模，挖掘出潜在的营销对象及与其最匹配的信用卡产品。整个过程主要分为"单方参与"和"双方参与"两个阶段（如图8-2-2所示）。

图 8-2-2　单/双方参与的营销建模协作

在"单方参与"阶段，银行信用卡部门会综合考查用户的基本信息、金融资产状况、已办卡情况等信息，建立规则抽取模型，确定营销对象，即还未办理该行信用卡，且大概率会通过线上渠道办理信用卡的现有银行客户。基于规则确定营销对象可解释性强，易于落地。具体的规则模型采用 F-score 作为好坏分类器的判定指标，综合考查精准率和召回率。结果表明，基于 F-score 的自动规则抽取模型，在该场景中的累计召回率可达到80%以上。

在银行信用卡部门确定营销对象之后，继续利用联邦学习进行"双方参与"阶段的训练。为了充分利用互联网生活消费类平台的流量，银行信用卡部门希望结合用户的购物喜好、消费习惯与不同的信用卡产品进行交叉营销，即预测"某用户在使用生活消费类平台某类服务的同时，会更倾向于办理哪个类型的信用卡"。例如，针对成熟的商务类用户，在其购买机票时，推荐其办理某旅行信用卡，让其享受机场贵宾室、精选酒店和航空公司机票特惠等多项信用卡权益。

在"双方参与"阶段,首先是基于保护双方隐私情况下的特征聚合。互联网生活消费类平台拥有用户的消费能力和消费偏好等特征,而银行信用卡部门拥有信用卡类别标签 Y、用户人口统计属性、用户金融属性等特征(见表 8-2-1)。因为银行信用卡部门需要补充的是用户互联网消费特征标签,所以采用纵向联邦学习建模(如图 8-2-3 所示)。

表 8-2-1　互联网生活消费类平台样本特征(左)和银行信用卡部门样本特征(右)示例

ID	消费能力		消费偏好		ID	人口统计属性	金融属性		信用卡标签
	X1 月均消费频率	X2 消费金额(元)	X3 消费类别	X4 消费时段		X5 年龄(岁)	X6 用户总资产(元)	X7 用户风险评级	Y 信用卡类别
U1	3	100	通勤类	凌晨	U1	24	1000	低	一类
U2	1	200	购物类	上午	U2	50	250000	中	二类
U3	2	500	娱乐类	中午	U3	55	30000	低	一类
U4	1	2000	旅游类	凌晨	U4	43	450000	高	一类
U5	1	100	购物类	下午	U8	42	285000	中	二类
U6	5	1000	通勤类	晚上	U9	33	55000	低	一类
U7	1	1000	其他类	中午	U10	28	20000	中	一类

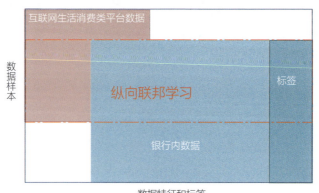

图 8-2-3　纵向联邦学习

银行信用卡部门作为拥有标签 Y 的一方，发起建模流程。互联网生活消费类平台作为数据提供方参与建模，双方选用户的手机号作为样本 ID。由于不能将样本 ID 的差集泄露给对方，在合作时需要将双方的 ID 进行加密匹配，找到用户的交集，这一步骤被称为加密样本 ID 对齐（PSI）。在基于 FATE 的联邦学习平台上，PSI 基于 RSA 算法和 HASH 算法的机制实现。在对齐样本之后，对于这部分交集用户，联邦学习平台可以完成特征工程和模型训练。在加密训练模型的过程中，包括分发公钥、加密多方交互的中间计算结果、汇总梯度与损失，及联合训练模型参数等多个步骤。

最终，在模型训练结束之后，得到预测模型。该模型的模型参数由银行信用卡部门和互联网生活消费类平台分别独立持有，即互联网生活消费类平台持有用户消费能力和消费偏好等特征对应的模型参数，银行信用卡部门持有用户人口统计属性和用户金融属性等特征对应的模型参数。利用该模型，银行信用卡部门对新晋样本、样本对齐后的营销对象进行联邦预测。

联邦学习解决了互联网生活消费类平台消费表现和银行信用卡客户数据联合建模的隐私保护问题，使得不同机构间的不同产品的交叉营销与信用卡销售前移得以实现，并且因为增加了更多的用户特征，与银行信用卡部门单边营销模型相比，联合营销模型的效果得到一定水平的提高（如图 8-2-4 所示）。银行信用卡部门单边营销模型对于预测排名前 20% 的客户，提升度为 1.85。在加入消费行为特征后，联合营销模型对预测排名前 20% 的客户，提升度为 2.45。联合营销模型的预测表现明显优于银行信用卡部门单边营销模型的表现。

本节介绍了一种联邦学习在银行交叉营销场景中的应用，即基于纵向联邦学习的信用卡交叉营销。利用生活消费类平台拥有的用户浏览和消费属性信息，结合银行信用卡用户的人口统计属性、金融属性等特征及信用卡营销目标，采用纵向联邦学习建模，丰富了银行信用卡部门的特征样本，有助于银行信用卡营销场景前移，提高了信用卡的获客效率，并且与仅使用银行信用卡部门单方数据相比，"双方参与"的联邦学习建立的信用卡营销模型预测排名靠前的客户提升度指标也得到显著提高。

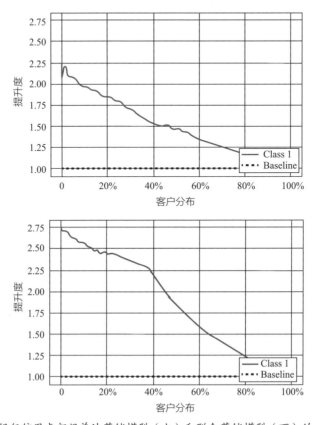

图 8-2-4　银行信用卡部门单边营销模型（上）和联合营销模型（下）的提升度曲线

8.3　联邦规则抽取算法及其在反欺诈与营销场景中的应用

8.3.1　基于 F-score 的联邦集成树模型和其对应的业务背景

经典的联邦学习是基于存储在多方远程客户端设备上的数据学习全局模型。客户端设备往往需要与中央服务器进行通信和信息交互，其面临的难点主要有以下几个：①高昂的通信代价。即多方数据交互的网络通信成本高。②系统异质性。联邦学习框架下的多方机构由于其系统、存储、计算和网络通信能力的差异，将影响联邦学习整体的策略制定。③统计异质性。非独立同分布的数据特征会带来建模、分析和评估等诸多挑战。④安全隐私问题。在模型训练过程中，向第三方或者中央服务器传递、更新模型参数时信息有暴露的风险。因此，学界和工业界目前主要想解决成熟算法在上述工程化落地时所面临的问题，而很少从实际的业务层面解决联邦学习下的算法实现问题。

本节将介绍一种基于 F-score 的联邦集成树模型，用于自动化规则抽取（a federated F-score based Ensemble tree model for Automatic Rule Extraction，Fed-FEARE）。在数据隐私保护的前提下，Fed-FEARE 使用多方机构的数据纵向和横向联合训练模型。与没有使用联邦学习相比，评价模型性能的指标得到了显著的提升。目前，Fed-FEARE 已被应用于国内某全国性金融控股集团的多项业务，包括反欺诈和精准营销等。

随着互联网技术和传统金融迅速融合，越来越多的金融服务已线上数字化了，如第三方支付和线上信贷等。与之相伴随的是，线上金融欺诈手段更隐蔽和更多样化。根据尼尔森的报告（HSN Consultants，2020），全球卡支付欺诈活动造成的经济损失在 2019 年高达 286.5 亿美元，相比于 2012 年的 112 亿美元，增长超过了 150%。为了防御欺诈攻击，金融机构大多采取基于专家经验的规则系统或经典的统计挖掘算法，这类方法目前被广泛应用于实际的业务系统并取得了不错的效果[66,67]。然而，这种专家定义的规则系统不可避免地存在两个基本问题：①由于缺乏足够的样本，无法通过专家经验学习到有效的规则。②由于获取目标样本的时间延迟，规则系统无法及时更新，误报率和维护成本高。

为了解决上述问题，并充分利用联邦学习和规则系统的优点，本节提出了一种集成规则自动化抽取模型[68]（a F-score based Ensemble model for Automatic Rule Extraction, FEARE），并在联邦学习框架下实现 Fed-FEARE。FEARE 在构建树的过程中，以递归方式在每个节点中采用最大化 F-score 作为损失函数或分裂准则，将树的节点分裂逻辑进行组合，形成单条规则，然后删除上述规则覆盖的数据集，并对剩下的数据重复上述树构建的过程，最终生成多棵（集成）树，从而形成规则集。应该注意的是，FEARE 的规则提取与传统的决策树方法显著不同。这两者主要存在以下两个差异[69]：①在损失函数和划分标准上，用 F-score 代替基尼系数或信息增益。②用多棵树逐步学习代替单棵树抽取规则。

在 Fed-FEARE 下，我们在反欺诈场景中用两个独立的法人实体（均有一定数量的欺诈案件）的数据集做横向联邦学习，即使用某全国性股份制商业银行和云支付平台的大规模数据集，其抽取的规则结果表明，与没有使用 Fed-FEARE 相比，欺诈案件的召回率得到了极大的提升。此外，我们将纵向 Fed-FEARE 应用于精准营销，如预期那样，精度和提升度均明显提升。

8.3.2 损失函数、剪枝和自动化规则抽取

在一般情况下，可以通过精度和召回率来评估规则。假设包含给定类别标签的样本数据集，共有 n_{target} 个目标样本，n_{cover} 和 $n_{correct}$ 分别是规则覆盖的样本和正确分类的样本数据量。因此，精度和召回率分别被定义为

$$\text{precision} = \frac{n_{correct}}{n_{cover}} \tag{8-3-1}$$

$$\text{recall} = \frac{n_{correct}}{n_{target}} \tag{8-3-2}$$

在理想的情况下，我们希望在高精度的前提下尽量提高召回率。然而，在反欺诈场景中，简单地使用精度或召回率作为规则度量通常是不可靠的。高精度和高召回率很难共存。例如，规则 1 对它覆盖的 100 个样本中的 80 个进行了正确的分类，即规则 1 的精度为 80%；而规则 2 覆盖 2 个样本且全部正确分类，即规则 2 的精度为 100%。规则 2 显然有更高的精度，但由于覆盖率太小明显不是更好的规则。同理，召回率也无法作为评估规则的度量。

基于此，F_β-score 即精度和召回率的加权平均，可以被视为用于评估规则性能的度量，其数学形式如下

$$F_\beta\text{-score} = (1+\beta^2)\frac{\text{precision}\cdot\text{recall}}{\beta^2\cdot\text{precision}+\text{recall}} \qquad (8\text{-}3\text{-}3)$$

当权重因子 $\beta=1$ 时，召回率和精度有相同的权重；当权重因子 $\beta<1$ 时，精度的重要性高于召回率，反之亦然。F_β-score 的增益为划分数据集特征前后的差值，因此在树模型中可选择最大的 F_β-score 增益的属性作为子节点的最优分裂特征。为了实现它，我们需要计算并找到最大的 F_β-score 增益的特征及其对应的分裂点。当特征为数值型时，对其数值按降序或升序排列，其 n 个值中每对相邻的均值形成 $n-1$ 个分裂点，则这些分裂点中最大的 F_β-score 增益的数据点可以被视为该特征的最优分裂点。进一步遍历所有特征，计算出所有特征中最大的 F_β-score 增益作为最优分裂特征。最优分裂点将样本划分为两个子空间，自上而下逐步递归切割数据集直至没有统计显著性。

在上述树的构建过程中，由于数据集中的噪声和异常值，某些树的分支仅代表这些异常点，从而导致模型过度拟合。剪枝往往能有效地解决此问题，即使用统计信息来切断上述不可靠的树分支。由于没有一种剪枝方法本质上比其他方法更好，不妨使用相对简单的预修剪方法。当 F_β-score 增益小于阈值时，子节点分裂将停止。因此，剪枝后将形成一个更小、更简单的树，组合节点分裂逻辑从而形成单条规则。自然地，决策者倾向于使用不太复杂的规则，因为从业务角度来看，它们可能更易于理解且鲁棒性更好。

算法1： 基于 F-score 学习一组"IF THEN"分类规则

输入： 给定标签的数据集 D

参数： max_depth, β, pruning_min

输出： 一组"IF THEN"分类规则

1. 设置 Rule_Single 为空集，Max_Fscore=0

2. 设置 Add_Rule 为 True, depth=0

3. While depth <= max_depth 且 Add_Rule

4.   设置 Keep={}，Best_split={}

5.   depth=depth+1

6.   Add_Rule=False

7.   for 遍历所有特征

8.   Keep[feature] = Fscore_Cal(D, feature, β) 计算每个特征的频数分布统计和对应的 F-score，返回对应特征的最大 F-score

9.   end for

10.   for Keep 遍历所有特征

11.   if feature 的最大 Fscore>Max_Fscore +pruning_min then

12.   Max_Fscore=feature 的最大 Fscore

13.   将 Keep[feature]加入 Best_split 集合

14.   Add_Rule=Ture

15.   Else

16.   Continue

17.   end if

18. end for

19. 将 Best_split 加入 Rule_single

20. 将 D 中已被 Rule_single 覆盖的样本去除

21. end while

22. return Rule_single

基于上述节点分裂和剪枝的计算逻辑，算法 1 提出了自上而下分裂和剪枝的树模型，它以深度优先的贪婪策略递归地构造单棵树。在做上述计算时，该算法使用最大的 F_β-score 增益作为数据集的划分准则，并剔除数据集中节点分裂逻辑未覆盖的样本。因此，每个子节点逐层地将训练数据集划分为数据子集，直至满足停止标准。如算法 1 所示，Fscore_Cal 是计算子节点分裂前后的函数，并通过最大化 F_β-score 增益找到特征的最优分裂点。其中，max_depth 和 pruning_min 分别是树的最大深度和剪枝阈值，β 是式（8-3-3）中的参数。记录所有子节点的分裂特征、节点分裂逻辑和 F_β-score 增益，并自上而下追踪从根节点到子节点的路径，就能抽取出"IF THEN"的分类规则。

被上述节点分裂逻辑剔除的数据构成剩下的数据集，重复上述生成树的过程，从而形成多棵树（集成树）并从中抽取出规则集。如算法 2 所示，tree_number 是树的棵数，集成树包含并返回规则集 Rule_Set。

算法 2：学习一组"IF THEN"分类规则集

输入：给定标签的数据集 D

参数：tree_number, max_depth, β

输出：一组"IF THEN"分类规则集

1. 设置 Rule_Set 为空集，number=0

2. while number<= tree_number

3.　　rule = Single_Rule(*D*, max_depth, β)　　　#调用算法1

4.　　将 rule 加入 Rule_Set

5.　　将 *D* 中已被 rule 覆盖的样本去除

6.　　number=number+1

7. end while

8. return Rule_Set

以模型超参数 tree_number = 3 且 max_depth = 3 为例，即集成规则树模型的规则集由三条规则组成，且组成每条规则的节点分裂逻辑小于等于三条。如图 8-3-1 所示，自上而下，树模型中的实线和虚线分别对应各层节点分裂逻辑覆盖和未覆盖的数据样本。规则集由三条规则构成，其中第一棵树对应的规则由两个节点分裂逻辑形成，第二棵树和第三棵树分别由两个和三个节点分裂逻辑形成。

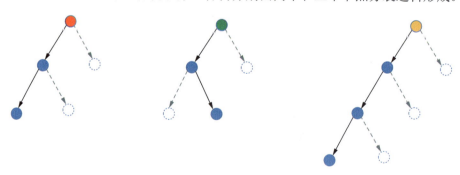

图 8-3-1　模型超参数 tree_number = 3 和 max_depth = 3 时的集成规则树模型图例

8.3.3 纵向和横向 Fed-FEARE

Fed-FEARE 的主要挑战是分别在纵向和横向联邦学习框架下计算 F_β-score，其应对的主要方案是部分同态加密。以 Paillier 半同态加密为例[70]，它允许任何一方都使用公共密钥加密其数据，而解密的私钥则由第三方拥有。通过这种加法同态加密，我们可以计算加密数字的和及一个未加密数字和一个加密数字的乘积，并且保证运算和加密的可交换性，即 $[\![u]\!]+[\![v]\!]=[\![u+v]\!]$ 和通过 $[\![\cdot]\!]$ 作为加密操作满足 $v[\![u]\!]=[\![vu]\!]$。此外，Paillier 半同态加密的另一个优点是同一个数字的每次加密结果都不相同。因此，分布不均衡的二分类标签加密后 $[\![y_i]\!]$（其中 $y_i \in \{0,1\}$）不会导致信息泄露。

对于纵向 Fed-FEARE 而言，我们遵循相关文献中的数学符号。数据集分别分布在 A 方（拥有特征的被动数据提供方）和 B 方（拥有特征和标签的主动数据提供方）上。对 B 方上的 F_β-score 计算，其计算过程与非联邦学习场景相同。而对 A 方上的 F_β-score 计算，需要借助 Paillier 加密，在纵向联邦学习框架下，如图 8-3-2 所示，通过公钥加密 B 方的标签并将其发送给 A 方，计算 A 方特征上的频数分布统计，将其再发给 B 方。B 方通过私钥解密计算出其对应的 F_β-score。由于标签属于 B 方，因此规则集最终由 B 方实现。基于该框架下的加密和解密过程，即使在多方参与的情况下，其对于每个数据提供方也是安全的。

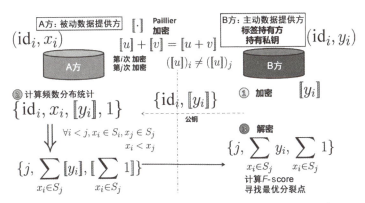

图 8-3-2 纵向联邦学习框架下计算 F-score 并找到最优分裂点

对于横向 Fed-FEARE 而言，特征和标签分布在多个数据提供方上，其 F_β-score 计算过程要比纵向联邦学习的情况更加复杂。为了简化多方问题，以 A 方和 B 方两方为例，它们均具有特征和标签。由于数据由 A 方和 B 方单独提供，因此每一方的特征频数分布统计都不会与其他方共享。基于数据隐私保护，我们设计如图 8-3-3 所示的横向联邦学习框架，并引入第三方作为协调者。使用 Paillier 半同态加密，任何一方都可以使用公钥加密其数据，而用于解密的私钥归协调者所有。协调者在收到来自两方的价值信息后，发送加密的随机特征频数分布统计到另外一方（图 8-3-3 中 B 方）。而当特征的加密频数分布统计返回时，F_β-score 的计算则可以由协调者完成（图 8-3-3 中的步骤⑥）。在此框架中，各方仅知道己方的特征频数分布统计。协调者基于整个数据特征的频数分布统计，将最终完成规则抽取计算并对各方共享。

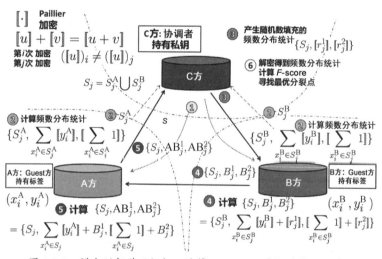

图 8-3-3　横向联邦学习框架下计算 F_β-score 并找到最优分裂点

8.3.4 横向 Fed-FEARE 应用于金融反欺诈

本节分为三个部分。首先，结合金融反欺诈的业务场景自定义规则自动化抽取模型的超参数；其次，描述横向 Fed-FEARE 训练时所需的多方数据集；最后，展现模型效果，并与非联邦情形做比较。

1. 自定义超参数

集成树模型有四个超参数，分别是单棵树的最大深度、树的棵数、剪枝阈值和权重因子 β。业务逻辑和线上部署的难易程度通常会决定超参数的选取。在反欺诈业务场景中，考虑模型的泛化能力和可解释性，单棵树的最大深度设置为 3，即组成单条规则的节点分裂逻辑数目小于或等于 3。树的棵数取值为 3，即使用不超过三条规则的集合来解决对应的反欺诈业务，从而尽可能避免树太少导致覆盖率不足，也能避免树过多引起准确率降低，同时也降低了线上部署、维护等工程化难度。剪枝阈值固定为常数 0.01。此外，权重因子 $\beta=1$，这表明召回率和精度同等重要。当然，我们也可以根据业务目标（追求高精度或高召回率）进行调整。

2. 描述数据集

考虑到金融反欺诈中的风险合规等因素，本节不会披露金融机构业务数据中变量特征名称。在横向 Fed-FEARE 下，银行方和缴费服务机构联合训练该集成树模型。同时，结合银行方对金融反欺诈的理解和定义，目标变量为 1 和 0 分别表示欺诈和非欺诈。在银行方提供的数据集中，有 79 295 个正常样本和 20 个欺诈样本，结合缴费服务机构提供的 60 个欺诈样本，形成了 75 375 个样本的数据集，对应的正负样本比例高度不平衡，约为 940∶1。数据集共包含了 25 个共有特征，其中有 15 个是身份特质、消费等级、资产等级构成的衍生特征等，剩下的 10 个表征水、电、煤气和移动通信支付等。

3. 模型效果

表 8-3-1 和表 8-3-2 分别展示了横向 Fed-FEARE 和 FEARE（仅用银行方数据时）情形下抽取的规则集和其对应的统计指标，包含样本占比（proportion of instances，pi）、累计样本占比（cumulative proportion of instances，cpi）、F-score、精度（precision）、召回率（recall）、累计精度（cumulative precision，cp）和累计召回率（cumulative recall，cr）。可以看出，无论是规则集构成的节点分裂逻辑还是其对应的统计指标均显著不同。在横向 Fed-FEARE 下，特征频数分布统计发生变化，致使节点分裂逻辑发生变化，生成的规则集中规则 1 为 var_12≤-4.8 且 var_1>-26.6，而在 FEARE 中则为 var_12≤-5.6 且 var_21>30073 且 var_2>2.25；规则 2 则由 FEARE 中的 var_14≤-10.2 且 var_20≤0.99 变为横向 Fed-FEARE 中的 var_17≤-3.0 且 var_14>1.3 且 var_5>-3.3；同样，规则 3 由 FEARE 中的两条节点分裂逻辑 var_18>3.4 且 var_1>0.98 演化为横向 Fed-FEARE 中的 var_14≤-4.7 且 var_10≤-2.27 且 var_2≤3.2。

表 8-3-1 横向 Fed-FEARE 抽取的规则集和其对应的统计指标

规则编号	1	2	3
节点分裂逻辑 1	var_12≤-4.8	var_17≤-3.0	var_14≤-4.7
节点分裂逻辑 2	var_1>-26.6	var_14>1.3	var_10≤-2.27
节点分裂逻辑 3	null	var_5>-3.3	var_2≤3.2
样本占比	0.080%	0.011%	0.009%
样本累计占比	0.080%	0.091%	0.100%
F-score	0.75	0.44	0.52
精度	83.0%	90.0%	88.8%
召回率	68.0%	29.0%	36.3%
累计精度	83.0%	84.0%	84.6%
累计召回率	68.0%	72.5%	82.5%

表 8-3-2　仅用银行方数据时，FEARE 抽取的规则集和相应的统计指标

规则编号	1	2	3
节点分裂逻辑 1	var_12≤-5.6	var_14≤-10.2	var_18>3.4
节点分裂逻辑 2	var_21>30073	var_20≤0.99	var_1>0.98
节点分裂逻辑 3	var_2>2.25	null	null
样本占比	0.017%	0.002%	0.001%
样本累计占比	0.017%	0.019%	0.021%
F-score	0.72	0.4	0.28
精度	92.3%	100.0%	100.0%
召回率	60.0%	25.0%	16.6%
累计精度	92.3%	93.3%	93.7%
累计召回率	60.0%	70.0%	75.0%

与 FEARE 相比，横向 Fed-FEARE 抽取的规则集在识别欺诈能力上有显著提升，规则 1 和 2 对应的 F-score 平均提升了约 7%，而规则 3 对应的 F-score 则由 0.28 显著提升至 0.52。在其他反映规则集效果的统计指标上，如累计精度和累计召回率，前者由 93.7% 下降至 84.6%，而后者由 75% 增加至 82.5%。

此外，我们重新抽取了新的数据集来验证上述规则集在识别欺诈上的泛化能力。该数据集包含了 10 000 个正常数据样本和 67 个欺诈数据样本。我们分别对比了两种情况下（非联邦 FEARE 和横向 Fed-FEARE 分别用橙色和蓝色表示）三条规则识别欺诈的精度、召回率和 F-score，并发现 FEARE 场景下的规则 3 没有覆盖到任何数据样本。如图 8-3-4（a）所示，柱形为单条规则对应的精度，曲线为规则集对应的累计精度，横向 Fed-FEARE 和 FEARE 的累计精度趋于相等，而由于丰富了数据样本，累计召回率从 34.3%（FEARE 情况下）提升至 74.6%（横向 Fed-FEARE 情况下），增幅超过了 110%〔如图 8-3-4（b）所示〕。同时，我们还对比了两种情况下单条规则对应的 F-score，其分别由 0.46、0.12 和 0.0（FEARE 情况下）增加至 0.69、0.29 和 0.48（横向 Fed-FEARE 情况下）〔如图 8-3-4（c）〕。因此，横向 Fed-FEARE 抽取的规则集能显著提升识别欺诈的能力。

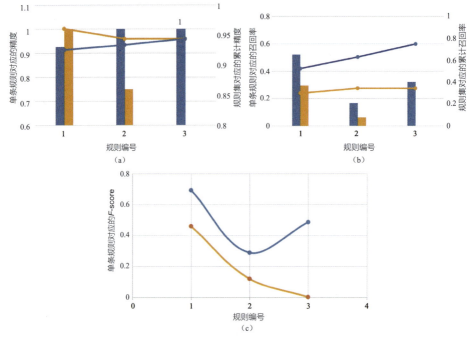

图 8-3-4 精度、召回率和 F-score 对比

8.3.5 纵向 Fed-FEARE 应用于精准营销

我们进一步将纵向 Fed-FEARE 扩展至精准营销，如新用户激活。在该算法框架内，银行在纵向上联合云缴费的特征，抽取规则并基于此对客户分群，最终实施精准营销。在纵向 Fed-FEARE 下，双方用于模型训练的数据集共有 5 438 267 个样本，由 10 个变量组成，其中目标变量为 1 和 0 分别表征客户激活和非激活状态。该数据集中包含 51 203 个激活客户和 5 387 064 个未激活客户，对应的样本比例约为 1∶105。在精准营销业务场景中，精度比召回率更重要，因此设置权重因子 $\beta = 0.5$，而其他参数与上例相同。

在纵向 Fed-FEARE 和 FEARE 两种情况下，抽取出的规则集和相应的统计指标如表 8-3-3 和表 8-3-4 所示，规则 1 完全相同，为 var_0>0 且 var_0≤1，而规则 2 和 3 则显著变化，分别由 FEARE 中的 var_0>0 和 var_3<24 演变为纵向 Fed-FEARE 中的 var_7>36.4 和 var_0>0 且 var_9>990。同时，由于特征的丰富，累计精度和累计提升度均得到了大幅提升。与仅使用银行方数据的 FEARE 相比，纵向 Fed-FEARE 抽取的规则集对应的累计精度增加了一倍，达到 3.2%。相应地，累计提升度达到了 3.4，显著提高了一倍。这意味着，在同等营销资源的前提下，能转化更多的目标客户。

表 8-3-3　在营销场景下，纵向 Fed-FEARE 抽取的规则集和其对应的统计指标

规则编号	1	2	3
节点分裂逻辑 1	var_0>0	var_7>36.4	var_0>0
节点分裂逻辑 2	var_0≤1	null	var_9>990
节点分裂逻辑 3	null	null	null
样本占比	5.60%	7.40%	2.10%
样本累计占比	5.60%	13.00%	15.10%
F-score	0.14	0.07	0.09
精度	4.7%	2.0%	3.7%
召回率	27.8%	21.2%	15.3%
累计精度	4.7%	3.1%	3.2%
累计召回率	27.8%	43.1%	51.8%
累计提升度	4.96	3.3	3.4

表 8-3-4　在营销场景下，FEARE 抽取的规则集和其对应的统计指标

规则编号	1	2	3
节点分裂逻辑 1	var_0>0	var_0>0	var_3≤24
节点分裂逻辑 2	var_0≤1	null	null
节点分裂逻辑 3	null	null	null
样本占比	5.60%	18.20%	22.70%
样本累计占比	5.60%	23.80%	46.50%
F-score	0.14	0.07	0.03

续表

规则编号	1	2	3
精度	4.7%	1.9%	0.7%
召回率	27.8%	48.4%	45.8%
累计精度	4.7%	2.5%	1.6%
累计召回率	27.8%	48.5%	79.8%
累计提升度	4.96	2.64	1.7

本节提出了一种横向和纵向联邦学习中基于 F-score 的集成树模型,用于自动化抽取规则,即 Fed-FEARE。它适用于多个业务场景,包括反欺诈和精准营销等。与非联邦场景相比,评估模型效果的指标得到了很大提升。Fed-FEARE 不仅具有计算速度快和可移植性强的特点,还确保了业务的可解释性和鲁棒性。

第 9 章
跨机构联邦学习风控应用案例

9.1 联邦学习下的评分卡建模实践

9.1.1 背景需求介绍

近年来，国内信贷市场的规模持续稳步增加，同时监管政策不断深化完善，监管要求更加细致严格，金融行业已进入强监管时代，这给信贷风控提出了新的要求。随着互联网技术与传统金融的结合，新的金融服务模式在满足消费者金融需求、促进消费进行的同时，也存在由于机构众多、覆盖面广和新业务模式等而产生的问题与风险。因此，如何进行信用风险管理对金融机构至关重要，而基于联邦学习的信贷解决方案将有望成为解决这一行业性难题的关键技术。

随着大数据技术的发展和信贷风控能力的提升，除了强关联的信用类数据，非信贷场景中的弱相关变量也开始更多地被纳入考量。不止用户的基本信息和借贷历史数据，在判断客户逾期风险时，其网络行为、社交数据、消费记录、航旅和运营商等信息等都能作为风险特征。然而，除了少数几家拥有海量用户数据的互联网头部公司，受限于风险合规等制约因素，绝大多数的中小企业想获取多维度、跨业务场景的第三方数据几乎不可能。联邦学习保护数据隐私和降低传统中心化机器学习方法的特点非常契合信贷风控水平提升的方向，基于联邦学习框架搭建评分卡模型有以下优势：①引入更丰富的数据源，在联邦特征工程后有更多优质的特征变量可供选择。②多机构下的样本标签更能代表目标信贷群体的表现，好的标签往往可以大幅提升模型效果。

9.1.2 联邦学习框架下的评分卡建模

在信贷业务场景中，传统线下的人工审批方式已经无法满足日益增长的业务需求，也无法满足精细化的风险管理。当前，这种审批方式已经逐渐被依托于大数据和人工智能技术的线上授信所替代。评分卡模型[24,40,71]被金融机构广泛地应用于信用风险评估中，是以分数的形式来衡量风险的一种手段。金融机构通过获取客户的征信数据和用户画像标签等信息搭建评分卡模型来评估客户的风险水平，进而为贷款审批提供决策依据。

评分卡模型通过一系列与风险指标相关的变量将风险进行量化，具有很强的鲁棒性和可解释性。评分卡的开发主要包含特征构造、特征筛选、模型建立与评分卡转换。先对数据进行预处理（包括探索数据结构，对缺失值、异常值进行相应的处理）形成原始特征，再对原始特征基于经验、常识和数据挖掘技术进行分段组合就实现了特征构造。在评分卡模型中，变量很少以原始形式表示，通常将它们分箱处理，进行证据权重（Weight of Evidence，WOE）编码。WOE 编码可将变量规范到同一尺度，同时有利于对变量的每个分箱进行评分。特征筛选就是将变量转换为 WOE 编码，并绘制分箱图，从而筛选出合适的变量进行建模的过程。在联邦学习框架下的详细内容参见第 2 章。

评分卡模型通常使用逻辑回归算法将客户的特征信息转化为 0~1 之间的概率值，用以预测客户的违约风险。

$$p_i = \frac{1}{1+\mathrm{e}^{-(x_i \cdot w + b)}}$$

$$\ln(\text{odds}) = \ln\left(\frac{p_i}{1-p_i}\right) = (x_i \cdot w + b)$$

式中，p_i 为客户 i 的逾期概率；odds 为逾期与正常的比值；x_i 为客户 i 的特征；w 为相应的逻辑回归系数，即

将逻辑回归模型概率转化为评分卡分数为

$$\text{Score} = A - B \times \ln(\text{odds})$$

式中，A 和 B 均为给定的常数，分别为评分卡补偿和刻度，取值的不同会影响评分卡分数的区间和间隔。由公式可知，评分卡分数是特征变量的线性函数。

9.1.3 联邦学习框架下的评分卡模型优化

在评分卡模型中，模型变量通常转化为对应的 WOE 编码。WOE 反映了在自变量的每个分组下，响应用户与未响应用户的占比和总体中响应用户与未响应用户的占比之间的差异，即某种业务含义。故模型求解后的系数需满足 $w_i \geqslant 0$，否则将无法保证模型的可解释性。当模型训练时，变量间的多重共线性有可能使得模型系数为负而导致不可解释的问题，建模人员通常需要反复调整入模变量以保证所有系数均为正。与传统的评分卡模型不同的是，在联邦学习框架下，由于进行了严格的加密和用于数据隐私保护的通信，这样多次调整将会使得训练十分耗时，因此，这里给出了一种对原有逻辑回归算法优化问题的改进方法，即增加 $w_i \geqslant 0$ 的约束条件，将其转化为有约束的优化问题，即[72]

$$\min_{w \in \mathbf{R}^n} \frac{1}{T} \sum_i^T \log(1 + \exp(-y_i(\boldsymbol{x}_i \cdot \boldsymbol{w} + b)))$$
$$\text{s.t.} \quad w_i \geqslant 0$$

式中，b 和 w 是模型系数；x_i 是第 i 条样本的所有特征；y 是其对应的标签。回顾一下一般的带有上下限约束的最优化问题，定义关于自变量 x 的优化目标函数为 $f(x)$，约束条件为 $l \leqslant x \leqslant \mu$，$l$ 和 μ 分别为变量 x 的下界和上界，对于评分卡模型 $l_i = 0$，$\mu_i = \infty$。如定理 1 所示。

定理 1（有约束的最优条件）若 $f(x)$ 为一连续可微函数，x^* 是 $f(x)$ 的局部极小值

$$\min_{x \in \mathbf{R}^n} f(x)$$
$$\text{s.t. } l \leqslant x \leqslant \mu$$

则满足如下关系

$$\left(\frac{\partial f}{\partial x_i}\right)_{x=x^*} \begin{cases} \geqslant 0, & \text{if } x_i^* = l_i \\ = 0, & \text{if } l_i < x_i^* < u_i \\ \leqslant 0, & \text{if } x_i^* = u_i \end{cases}$$

定义投影算子如下

$$\left[P_{[l,u]}(x)\right]_i = \begin{cases} l_i, & \text{if } x_i \leqslant l_i \\ x_i, & \text{if } l_i \leqslant x_i < u_i \\ u_i, & \text{if } x_i \geqslant u_i \end{cases}$$

则以下一阶条件成立，如定理 2 所示。

定理 2（约束的一阶条件）若 $f(x)$ 为一连续可微函数，x^* 是 $f(x)$ 的局部极小值，那么

$$x^* = P_{[l,u]}\left(x^* - \nabla f\left(x^*\right)\right)$$

应用投影算子对 w_i 进行迭代，以保证系数 $w_i \geqslant 0$，即

$$w_{k+1} = P_{[0,+\infty)}\left(w_k - \eta \hat{g}_k\right)$$

式中，η 和 $\hat{g}_k$ 分别为学习速率和下降方向，w_i 的初始值为正。以这种迭代方式确定逻辑回归系数，可在很大程度上减少调整入模变量所耗费的时间，从而达到优化效果。带上下界约束的约束优化问题可利用 L-BFGS-B 算法进行求解[73]。在联邦学习框架下，由于隐私保护技术带来了巨大的时间开销，可以直接应用投影算

子到求解优化问题的最速下降迭代中，在满足约束条件的情况下求解优化问题，避免得到不符合可解释性要求的模型导致需要重新训练模型，从而实现模型可解释性和求解成本的平衡[45,74,75]。

9.1.4 应用案例

1. 个人消费贷案例

银行拥有大量有信贷需求的用户，而数据源公司掌握着海量用户的行为数据和场景数据。通过联邦学习，银行无须交换明细级原始数据，即可联合其他数据源公司建立风控模型。这样既能打破数据壁垒，让不同的公司满足各自的利益诉求，又能保护各自的数据安全和用户隐私。

以某银行个人消费贷申请评分模型为例，该产品的特点是全线上、无抵押，用于满足客户装修、购车、旅游、留学等多方面的用款需求。在风控审批中，该银行可用的数据有客户在银行内留存的个人信息及信用分数据。当客户为银行新户或征信白户（即从未办理过贷款业务，也从未申请过信用卡）时，银行则没有足够的银行内数据可以参考。对于此类客户，银行很难对其信用水平进行准确评估。针对这类情况，银行可以引入外部公司进行纵向联邦学习建模，利用运营商的通话标签数据为客户增信，提升模型的预测能力。如图 9-1-1 所示，在进行纵向联邦学习建模前，银行首先需要找到与外部公司的交集客户，例如有相同手机号码的客户，通过 PSI（Private Set Intersection，隐私集合交集）技术保证双方均无法知道合作方的差集客户。

在建模时，银行拥有信贷逾期标签数据和信用分数据，运营商拥有通话记录数据。当模型训练完成时，双方仅可获得各自对应变量的系数，模型效果比仅使用信用分数据显著提高。如图 9-1-2 所示，左边为仅使用信用分数据的模型效果，右边为基于纵向联邦学习的模型效果，AUC（ROC 曲线下的面积）提高了约 10%，这从侧面反映了通话记录数据在该场景中代表个人的信用水平。在模型上线后，双方各自运维模型,当进行预测时,需要结合双方的模型共同预测。

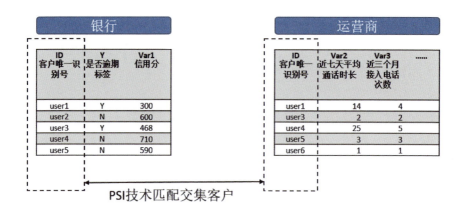

图 9-1-1　纵向联邦学习建模前样本对齐

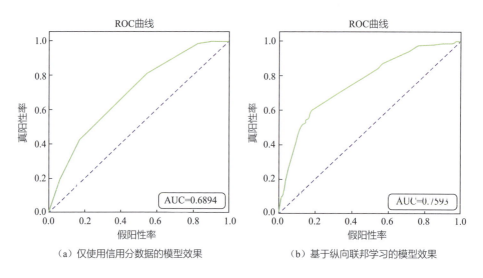

（a）仅使用信用分数据的模型效果　　　　（b）基于纵向联邦学习的模型效果

图 9-1-2　使用信用分数据和基于纵向联邦学习的模型效果

利用联邦学习进行联合建模,不仅解决了征信数据来源单一的问题,还提高了模型效果,同时更好地保护了客户隐私,进而帮助银行满足合规的要求,实现了智能风控升级。

2. 小微企业贷案例

小微企业在我国经济发展中扮演着重要角色。受外部影响,小微企业融资难、融资贵的问题日益凸显。小微企业贷款有"期限短、金额低、频率高、时效性强"的特点,"互联网+"、大数据、人工智能等新兴技术能有效地改进银行业金融机构的信用评价模型,其在提升小微企业贷款业务效率等方面发挥着重要作用。

银行通过接入小微企业的征信数据,以数据为基础建立小微企业的信贷风险识别模型进行授信决策。相关数据可以包括中国人民银行征信报告、工商信息、司法信息、行政信息、财务信息、无形资产、舆情信息等。银行还可以通过纵向联邦学习引入数据源,避免用户的敏感信息被缓存或泄露。此外,利用机器学习建模也面临建模样本不足的问题,小微企业贷款受多种因素影响,纯信用贷款样本很少,这就造成了多数金融机构没有足够的适用于线上信用贷款的小微企业样本进行大数据建模。横向联邦学习有助于解决这一行业难题,各家银行通常评估企业信用的特征维度的重合度较高,而重合的企业很少,因此多家银行可以通过横向联邦学习建模,这样既增加了有标签的企业数量和可用于建模的样本数量,又提升了模型的准确性。

下面介绍两家机构进行横向联邦学习建模的案例,如图 9-1-3 所示,银行 A 和机构 B 都使用同样的指标对小微企业进行评分。横向联邦逻辑回归的过程如下。各方在每次迭代中使用自己的数据训练模型,并将明文或加密的梯度发送给第三方(Arbiter)。第三方计算联合梯度,然后把更新后的梯度分别反馈给每一方,当联邦学习模型收敛或模型迭代次数达到阈值时停止训练。

在该案例中,对比联邦学习建模与各机构分别建模的效果。由于加入了更多的样本,联邦学习模型的泛化性和预测效果均得到了显著提升。如图 9-1-4 所示,基于传统的建模方法,模型的 AUC 仅为 0.6987。通过横向联邦学习建模,使用新的模型重新预测违约概率,模型的风险排序和区分能力均有提高,模型的 AUC 大幅提升至 0.7336,约增加 5%。此外,不同于纵向联邦学习,模型在线上进行预测时无须与外部机构进行数据交互，在训练完成后每个机构都可以获得模型的参数，当模型效果衰减时再重新进行横向联邦学习模型迭代即可。

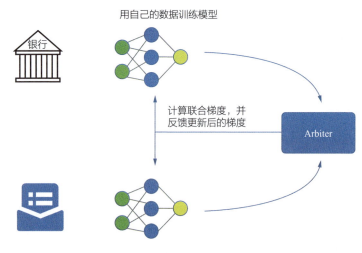

图 9-1-3　银行 A 与机构 B 横向联邦学习建模示例

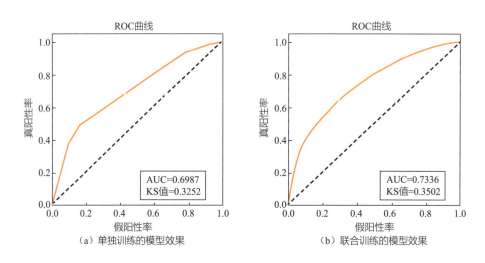

图 9-1-4　模型效果

本节在联邦学习框架内提出了一种投影算子用于求解有约束的标准逻辑回归。将该算法运用于金融风险评分，单次训练就能优化好评分卡模型。因此，该算法在联邦学习场景中不仅避免了费时的特征筛选和参数调优过程，而且还确保了评分卡的可解释性和鲁棒性。结合具体的业务场景，如个人消费贷和小微企业贷，我们在低计算开销的情况下完成了模型训练，评估模型性能的指标（如 AUC 和 KS 值等）均有显著提升。

9.2 对企业客户评估的联邦学习和区块链联合解决方案

9.2.1 金融控股集团内对企业客户评估的应用背景

联邦学习框架提供了一系列算法模块，可以在各方明细数据不出本地的情况下实现样本对齐、相关统计量计算及特定模型训练，构建多机构间的信任网络，并解决数据共享问题，集合更多参与方的数据加速模型训练，共享应用成果。联邦学习可以有效地增强数据挖掘能力，在数据不出本地的前提下完成多元数据联合建模。结合区块链技术记录各方特征元数据，可以构建更丰富、更公平的金融数据模型和激励机制，以此激励更多机构参与方积极加入联邦学习的联盟。

大型金融控股集团统一采购丰富的机构客户数据，可以为丰富和完善机构客户信息、分析和挖掘客户的潜在风险提供数据基础。在合法合规的前提下，联邦学习可以通过联合建模的方式，有效地规避安全风险，实现数据共享。在本案例场景中，结合联邦学习技术，我们能有效地提高证券业对公客户分类评级模型的效果，并降低成本。

在本案例中，区块链技术的应用主要针对联邦学习训练前的数据确权、训练前后样本一致性的痛点，其能够构建公平有效、自动化、规则化、去中心化执行的联邦学习激励方案。该方案能够摆脱以往的技术案例中对可信第三方审计机构的依赖，执行数据确权审查及激励分配工作，利用区块链技术可以有效地缩减这部分运营成本，达到降本增效的效果。

9.2.2 联邦解决方案的内容

1. 联邦数据存证方案

本案例中的对公客户的分类评级联邦学习解决方案，属于纵向联邦学习场景，通过多联邦学习节点的联邦训练，使数据特征维度更加全面。在基于同态加密的联邦学习的应用过程中，并不会出现数据泄露的问题。但如何确保或约束联邦学习各个计算节点的训练数据在训练过程中的一致性，一直是联邦学习应用落地时必须要解决的问题。常见的方案是基于独立的第三方审计机构对数据存证，其优势是落地安全性高，同时由于落地的过程依赖于联邦学习各个节点对第三方审计机构的认可，导致实施成本居高不下。

本案例提出了基于区块链技术的联邦数据存证方案，可以降低节点之间的信任成本，并提供数据存证的有效解决方案，能作为一种有效的联邦数据方案进行推广。该方案不但能满足联邦学习网络计算节点的可扩展性，同时可以极大地降低第三方审计的数据存证成本。

2. 联邦训练建模方案

1）搭建各机构间的联邦学习平台基础设施

搭建联邦学习平台，建立联合建模基础设施，基于该平台协同各成员机构使用联邦学习平台训练模型，为各成员机构或参与方提供基础建模平台。

2）在联邦学习平台上开发联合模型

在各成员机构的联邦学习平台上，结合具体的业务需求联合开发数据挖掘模型（包含模型开发、训练、优化和稳定性测试），最终形成智能模型并作用于相应的业务。

3）基于区块链技术的元数据标准及联邦激励机制

在联邦学习平台上多方共同建模，必须让各方提供的客户标签或特征数据遵循统一的元数据规范要求，且有完备的元数据信息描述，从而确保模型的可解释性。同时，为了保证模型开发时的公平性，我们需统计各参与方特征数据的贡献并进行登记，将此作为对价或业务分润的依据。通过搭建区块链平台，利用区块链技术能有效地保证数据可信和可溯源。

9.2.3　券商对公客户的评级开发

在本案例中，金融控股集团内的券商只有客户的投资理财信息，而要进一步拓展业务领域和提升业务水平，往往需要更多的支持数据，如企业规模、纳税情况和经营财务状况等。因此，金融控股集团需借助多方外部数据进行全面的客户画像和业务分析。券商数据一般有基本特征、经营属性、财务属性、信用属性和交易属性五大类数据，源于券商交易数据、反洗钱数据、集团从外部采购的公开的财务数据等。金融控股集团可以利用客户在券商业务服务内的表现，并融合集团内多方机构的业务表现数据，从风险视角对客户进行评分评级，提升风控能力并据此对客户进行差异化的风险管理。

在本案例中，证券业务机构（Guest 方）的客户数据标签包含客户号（证券唯一标识）、主资金账号（证券）、机构名称、统一社会信用号、机构代码、是否为上市公司、所属营业部、地址、注册资本、反洗钱评级、2019 年交易量、2019 年期末总资产、2018 年交易量和 2018 年期末总资产等特征。

金融控股集团（Host 方）内其他机构的客户数据特征包含客户名字、客户号、统一信用号、机构类型、是否为上市公司、公司规模、省份、公司代码、投资人、出资比例、关联产品名称、融资轮数、融资次数、营业期限截止时间、注册资本和实际控股人类型等。

受限于坏样本体量太小,单个金融机构(如券商)往往难以训练出真正有助于业务的对公评级模型。然而,在联邦学习框架下,跨机构联合多方能增加坏样本量为训练评级模型提供可能。在真实的场景中,结合业务目标,券商会融合客户在金融控股集团内其他机构上的多个业务表现,提取与风险相关的统计指标,从而定义适用于业务目标的坏样本。在联邦学习平台上,各参与方先分别用数据预处理办法处理缺失值和异常值,并在避免共线性的前提下筛选特征,而后使用逻辑回归或 SecureBoost 等进行模型开发和评估[50],最终将模型的预测概率转化成评分,继而按照国际评级标准将评分转化成标准评级类别。

在联邦学习框架下,我们利用上述流程并结合集团内多方数据,对券商 1.2 万家的企业客户进行风险评级。训练得到的两种评级模型,在测试集上的排序能力(如图 9-2-1 所示)都显著高于仅使用券商数据的模型。在实际的风险评级场景中,往往需满足业务可解释性。因此,我们最终仍使用具有强业务解释性的逻辑回归作为基础的评分卡模型。

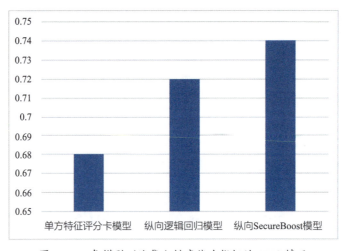

图 9-2-1　各模型测试集上排序能力指标的 AUC 情况

在本案例中，国内某全牌照综合金融控股集团在合规的前提下推进各成员企业间数据共享，并利用数据中台全面赋能集团内各成员企业，以实现协同发展。结合该金融控股集团内券商的风险评级需求，在联邦学习框架下，我们联合集团内多方的业务数据对券商 1.2 万家企业客户做风险评级分析，具有可解释性的纵向逻辑回归模型的评价指标 AUC 从 0.68 显著地提升至 0.72，且非线性的 SeureBoost 模型的 AUC 则提升至 0.74。同时，利用区块链技术能减少数据审计等运营支出，使得元数据治理成本下降近 10%。该解决方案有大量的应用需求和广阔的应用前景，必将催生进一步的业务应用落地。

9.3 在保险核保场景中银行保险数据联邦学习实践

9.3.1 保险核保

保险核保，是指保险公司运用专业的风控技术量化承保人的风险，如健康风险、财务风险等。因此，核保往往是承保业务的核心[65]，对控制风险和提高保险资产质量起到至关重要的作用。

以重大疾病险（简称重疾险）为例，专业的核保往往需要丰富的医学知识、长期的核保经验及较强的风险意识，继而将其转化成基于专家经验的业务规则系统。近年来，随着移动互联网和大数据技术的迅速发展，保险公司均采取了线上核保的方式。具体而言，把传统的业务规则拆分成若干个对话型的问答，既能规避业务规则仅是"是"与"否"的选项窘境，又大幅提升了整个核保过程的效率[77,78]。

核保一般有五种结果，具体如下：①标准体承保。承保人符合保险产品的承保要求，即正常投保。②除外责任承保。保险公司做出责任除外的核保结果。③加费承保。被保险人患有疾病或有病史等其他风险，加费才能承保。④延期承保。保险公司无法判断被保险人可能存在的风险，可能会延期承保。⑤拒保。投保人不符合承保要求。对于线上投保而言，核保一般只有标准体承保、延期承保和拒保三种结果。

9.3.2 智能核保

以健康险业务为例，核保人员的专业水准是各保险公司的核心竞争力，其核保的准确性和效率直接影响了保险公司的经营风险和利润。近年来，随着健康险业务迅速增长，专业的核保人员出现较大的人才缺口。虽然各保险公司在核保上纷纷投入了大量的资源，核心的问题依然难以解决：核保高度依赖人工经验，而核保人员的专业背景和行业经验的差异导致核保成本高、效率低。

针对核保业务中的风控问题，核保智能化转型迫在眉睫。幸运的是，保险行业意识到自身拥有的巨大数据优势，结合机器学习和数据挖掘技术深度挖掘其价值，使得智能核保变为可能。例如，运用经典的机器学习模型和生物识别技术与客户实时互动，平安人寿[79,80]推出的新型智能核保系统，使核保周期大幅缩短。澳大利亚某保险公司在车险定价上[81]，运用数据挖掘算法，如支持向量回归和逻辑回归等，实现了"一人一车一价"的定价方案，为每位车主订制专属的产品和差异化的费率，从而实现了车险产品的精准定价。简而言之，智能核保的业务目标主要有以下两个：①结合人工智能算法模型实现风险等级评估，根据评估结果调整承保策略，辅助核保人员快速完成核保业务判断，提升业务处理的效率并降低人工审核的不确定性。②全面提升客户数据价值，根据投保人的风险偏好和信用体系量化其风险，并对其精准画像，从而实现差异化定价，保障投保人的权益和保险公司的商业利益。

9.3.3 联邦学习与智能核保

人工智能在保险风控领域已体现出初步的应用价值，而当前主要的局限在于保险公司获取多维度、跨行业的异质数据依然较困难，这制约了包含智能核保在内的保险科技进一步发展。要进一步提高保险公司智能核保的风险识别能力和其资产质量，往往需要融合跨行业的医疗、互联网、金融等多方数据。保险行业的数据融合方法是利用人工智能技术（如联邦学习等），与多方机构联合训练机器学习模型。作为一种新型、分布式的机器学习方法，联邦学习具有保护隐私和保障多方本地数据安全的显著优势。利用联邦学习和隐私安全等关键技术，能对多方数据进行融合和关联。智能核保的多方安全计算框架如图 9-3-1 所示，即联合训练机器学习模型，以提升包含反欺诈、风险评价、智能营销等在内的系统性风控能力。

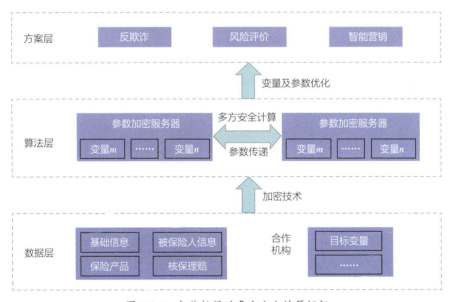

图 9-3-1　智能核保的多方安全计算框架

在本节的实际案例中，我们在纵向联邦学习框架下，联合保险公司和银行双方共同训练重疾险核保的风险评级模型，同时考虑到金融监管的风险合规等因素，不会披露金融机构业务数据中变量特征名称。结合保险公司的业务理解和定义，目标变量为 1 和 0，分别表示购买重疾险且短期内是/否发生理赔。考虑到核保业务的风险评估需有显著的业务可解释性，因此我们使用了强解释性的线性模型——逻辑回归来训练评级模型。双方用于训练模型的数据集共有 8277 个样本，其中 82 个是短期内发生理赔的样本，对应的正负样本比例近似为 100∶1。该数据集共包含 28 个特征，其中 20 个特征来自保险公司方（X1~X20），表征身份特征和人口轮廓等构成的衍生特征等，其他 8 个特征来自银行方（X21~X28），表征财富水平、履约能力和消费能力。

我们进一步通过单因子分析来检测各特征变量的预测能力。首先，对特征变量做分箱，即按照一定的准则（决策树、卡方等分箱方法）让其离散化，基本原则是组间差异大、组内差异小且每组比例不低于设定的阈值，从而能有效地构建出各变量内部的贡献大小及相对重要性。因此，连续型数值变量将被划分为若干个分段，而类别型变量会被合并为若干个类别组合。其次，对上述分箱变量做 WOE 编码，并对其加权求和，即计算信息价值（Information Value，IV）。IV 越大说明特征变量与目标变量的相关性越强、预测能力越强。IV 也常被用于快速筛选特征变量。在联邦学习场景中的 WOE 和 IV 计算详见第 2 章，在此不再赘述。为了避免特征变量的共线性问题且剔除小于 0.01 的 IV，对上述特征变量按照其 IV 的高低排序，见表 9-3-1。我们可以看出，最终用于模型训练的特征变量共 10 个，其中来自保险公司方的特征变量有 7 个（X1、X4、X6、X9、X10、X15 和 X19），其对应的 IV 分别为 0.435、0.407、0.137、0.105、0.101、0.090 和 0.088，剩下的 3 个特征变量则来自银行方（X21，X23 和 X27），其对应的 IV 分别为 0.999、0.055 和 0.016。

表 9-3-1　IV 大于 0.01 的特征变量及其值

特征变量	IV
X21	0.999
X1	0.435
X4	0.407
X6	0.137
X9	0.105
X10	0.101
X15	0.090
X19	0.088
X23	0.055
X27	0.016

在经过分箱之后，我们看到这些特征变量与理赔率呈显著的单调性，如图 9-3-2 所示，横坐标为特征变量的分组，左纵坐标为分箱的样本占比，右纵坐标为分箱样本中的理赔率。以银行方数据中 IV 最高的特征变量 X21 为例，其原始数据是字符串型的，经过 WOE 编码和分组，转换为五组（0、1、2、3 和 4），对应的样本占比和理赔率分别是（23.5%、28.3%、27.0%、15.6%和 5.7%）和（0.1%、0.6%、0.9%、1.8%和 4.9%），理赔率呈显著的单调性且组间的差异显著，IV 为 0.999；而以保险公司方数据中 IV 最高的特征变量 X1 为例，其原始数据也是字符串型的，分为三组（"30.0%,10.0%"、"20.0%"和"99.0%,40.0%"），对应的样本占比和理赔率分别是（32.3%、56.0%和 11.8%）和（0.3%、1.2%和 2.1%）。同样，理赔率呈显著的单调性且组间的理赔率有较大差异，IV 为 0.435。

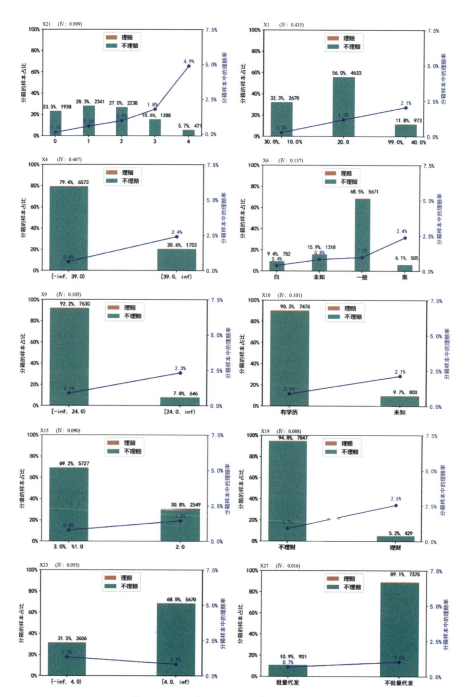

图 9-3-2 IV 大于 0.01 的特征变量及分箱

考虑风控场景中的业务可解释性及受样本量太小的制约，我们使用模型容量小的线性模型（标准的逻辑回归）来训练评级模型。同时，考虑正负样本比例高度失衡，约为 100：1，可自定义正负样本权重（class_weight={0:0.1,1:1.0}），即如果将理赔样本判断成正常样本对应的损失，那么其损失是正常样本被判别为理赔样本的 10 倍。

将全量样本按照 6：4 的比例切分为训练集和测试集，使用前者训练评级模型，并将该模型应用于后者共同评估模型效果。其中，评估模型效果的指标有多个，包含了 ROC（Receiver Operating Characteristic，受试者工作特征）曲线对应的 AUC（Area Under Curve，ROC 曲线下方的面积）、K-S 曲线对应的 KS 值和各预测分值段的提升度（lift）等，均能有效地反映模型预测分类问题时的区分能力。如图 9-3-3 所示，模型在训练集和测试集上的 AUC 和 KS 值分别达到 0.8553、0.5951 和 0.8391、0.5821。同时，由于样本量总体偏小，导致了 ROC 曲线不平滑、出现阶跃。真阳性率和假阳性率分别为模型识别出的真阳性样本除以全部阳性样本和模型识别出的假阳性样本除以全部阴性样本。从图 9-3-3 中可以看出，当假阳性率接近 0.1 时，真阳性率超过了 0.5，直接说明了模型对重疾险客户是否在短期内理赔的区分能力不错。

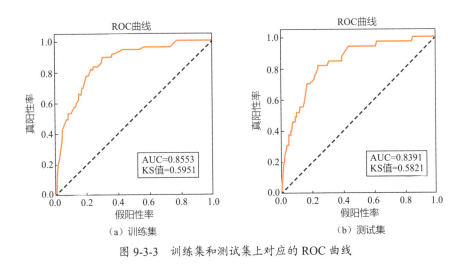

图 9-3-3　训练集和测试集上对应的 ROC 曲线

按照标准评分卡的计算要求，我们自定义基准分和刻度（理赔率降低一倍所需增加的分值 Point-to-Double Odds (PDO)），最终生成评分表。对评分的值从低到高排序，训练集和测试数据在各分值段上的理赔率如图 9-3-4 所示，其中横坐标是评分分值的间隔，左、右纵坐标分别是样本量和对应的理赔率。我们可以看出，随着分值增加，训练集和测试集的理赔率分别由（150,400]的 10.42%和 9.38%下降至(800,1200]的 0.13%和 0.24%，且下降趋势呈显著的单调性。与整体客户群的理赔率 0.99%相比，考虑到低分值段(150,400]的客户的理赔率约为 10%，对应的预测评分提升度约为 10 倍且客户人数较少，可以考虑结合业务逻辑拒绝提供承保服务；而对于高分值段(800,1200]的客户，其训练集和测试集的理赔率分别为 0.13%和 0.24%，因此我们可以对其按照标准提供承保服务。

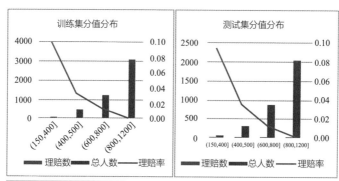

分值间隔	训练集				测试集			
	理赔数（个）	总人数（个）	理赔率	提升度	理赔数（个）	总人数（个）	理赔率	提升度
(150,400]	10	96	10.42%	10.42	6	64	9.38%	9.38
(400,500]	17	499	3.41%	3.41	11	311	3.54%	3.54
(600,800]	18	1264	1.42%	1.42	11	883	1.25%	1.25
(800,1200]	4	3106	0.13%	0.13	5	2053	0.24%	0.24

图 9-3-4　训练集和测试集样本评分分布，且在各分值段的理赔率和提升度

考虑到本节主要介绍联邦学习如何作用于重疾险智能核保的风险识别，跨时间验证特征、模型稳定性流程将不在此赘述。

在非联邦学习场景中，我们无法联合银行方的 3 个特征变量，即只有保险公司方的 7 个特征变量用于模型训练，它们分别是 X1、X4、X6、X9、X10、X15 和 X19。我们进一步评估其模型训练效果，如图 9-3-5 所示，模型在训练集和测试集上的 AUC 和 KS 值分别为 0.7729、0.5155 和 0.7844、0.4399，相比于联邦学习情形下，其在分类问题上的区分能力和稳定性均大幅下降。同时，我们也可以看出，当假阳性率接近 0.1 时，真阳性率仅接近 0.3，进一步反映了其远不如联邦学习情形下的区分能力。考虑到非联邦学习场景中的重疾险核保模型的识别、区分效果不足，我们将不再展示该模型在不同分值段上的理赔率和提升度。

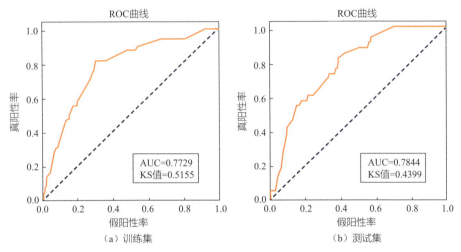

图 9-3-5　在非联邦学习场景中，训练集和测试集上对应的 ROC 曲线

在本节中，我们在纵向联邦学习框架下，联合保险公司和银行双方共同训练重疾险核保的风险评级模型。与非联邦学习场景相比，评估模型效果的指标 AUC、KS 值和提升度均有很大提高，其打分结果在低分值段的提升度大于 10.0 且高分值段的提升度小于 0.2。我们可以结合业务逻辑对低分值段、高风险的客户拒保，而对高分值段、低风险的客户采用标准体承保。

第 10 章
联邦学习应用扩展

10.1 基于联邦学习的计算机视觉应用

自 20 世纪 50 年代以来，研究人员对照相机、摄像头等影像成像设备与计算机硬件设备的研究不断取得技术进步，萌生了用计算机模仿人类视觉神经工作的想法，计算机视觉应运而生。计算机视觉这个学科的终极研究目标是让计算机可以像人一样，对外部世界进行观察并在此基础上进一步地理解外部世界，对外部世界中的事物进行学习，从而具有自主适应外部环境的能力。实现这一终极目标需要长久的研究与努力，因此研究人员提出了一个阶段性的中期目标：为计算机建立一套具有一定智能的视觉系统，这个系统可以根据接收到的视觉信息做出一些简单的判断并完成一些简单的任务。具体来说，就是让计算机可以从外部图像、影像中读取到一些外部世界的信息（如物体的数目、种类、颜色、位置、状态等信息），再根据这些信息完成一些特定的任务（如检测物体是否存在、为物体分类、对物体进行识别）。

计算机视觉学科的研究方法主要是用电子成像设备结合计算机硬件算力设备共同模拟生物视觉神经系统。其中，电子成像设备包括红外摄像机、CCD/CMOS 摄像机（数码相机、摄像头均属于此类）、在医学领域中广泛应用的 X 射线及磁共振成像（Magnetic Resonance Imaging，MRI）设备等，我们可以将它们称作"计算机的眼睛"。这些电子成像设备可以帮助计算机获取到类型丰富的电子图像或图像序列，其中蕴含的信息量及特征远超人眼获取到的图像，因此电子成像设备构成了计算机视觉学科的基础。而与之相对的是，电子计算机构成了这一学科的核心，可以被称作"计算机视觉系统的大脑"，负责利用非凡的运算能力实现对图像的理解及执行智能任务。

近年来，随着研究逐渐深入，研究人员提出了开创性的"人工神经网络"，开始了计算机对人脑神经网络的初步模拟。20 世纪 80 年代，"反向传播算法[82]"的发明，更具有里程碑意义，极大地简化了样本计算的复杂度，使计算机已经可以根据已有数据去预测未发生的事件。2006 年，来自多伦多大学的 Geoffrey Hinton 教授在深层神经网络的学习训练中取得了巨大进展，基于这种神经网络的学习被称为深度学习[83]。至此，计算机视觉的问题已经被极大地简化了，人们只需要对计算机输入原始图像数据，就可以让计算机完成复杂的识别与分类。

10.1.1 联邦计算机视觉简述

关于计算机视觉的研究在最近 20 年内取得了长足的进步，从研究到落地的应用越来越多，这主要得益于以巨量图像数据资源作为基础。目前应用得最广泛、研究得最深入的计算机视觉应用，通常集中在图像数据资源最丰富的领域，如人脸识别[84]、物体数目检测[85]、物体种类识别[86]等。这些领域通常具有大量高质量的图像数据资源，并且图像数据资源的收集难度较低，更容易产出研究成果和让应用落地，因此吸引了更多的学者与从业人员进入该领域。

然而，这种围绕着热点图像数据资源进行研究及开发的模式具有两面性。一方面，这种模式确实极大地促进了研究的开展。围绕着热点领域，计算机视觉方面的一些深度学习技术发展很快。另一方面，这样的研究模式对于非热点领域的中小规模企业和研究人员存在着极高的壁垒。在非热点领域，高质量的图像数据资源紧缺，而小型企业、实验室能够掌握的图像数据资源就更加匮乏。这使得计算机视觉在一些新领域中的研究进展日趋缓慢。

例如，在医学图像领域，直接检测病患的 X 光、磁共振成像结果中是否含有病变区域或者肿瘤，一直是研究人员聚焦的方向。但由于病患图像样本数量严重不足，这个领域的研究进展并不乐观。另外，不同的企业、实验室之间由于数据隐私、激励机制、安全风险甚至政治因素等，不愿意互相分享彼此掌握的医学图像数据资源。图像数据资源的总量本就不足，而各企业由于对数据安全和隐私保护方面的担忧，被迫形成"数据孤岛"，导致数据获取困难、模型训练更困难，这样的情况在计算机视觉技术的研究中比比皆是。

联邦学习则可以在很大程度上解决上述难题。联邦学习技术允许不同的用户在不上传本地数据、不共享明细级私有资源的前提下，组合成一个联合体进行训练，进而得到基于所有用户数据训练出的全局模型。不仅如此，联邦学习可以根据不同用户上传的模型差异进行平均化更新，在线完成更新并改善全局模型，如图 10-1-1 所示。

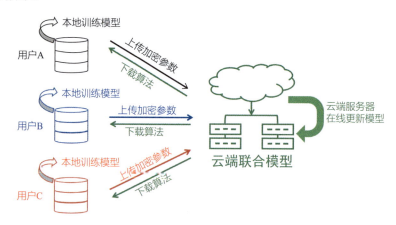

图 10-1-1　联邦计算机视觉模型的训练过程

通过联邦学习，不同的用户有着相同的共享节点——在线的全局模型。与传统的模型训练相比，用户无须上传数据至云端服务器，而是在需要时将算法下载至本地，再结合本地的图像数据对全局模型进行训练，在训练结束后将模型变更的网络架构与参数上传回云端服务器，即可在不上传私有数据的情况下完成对共享模型的训练与更新。而云端服务器则会在线更新共享模型。最后，各个用户可以在本地部署共享模型并投入使用，而在使用中又可以不断地将采集到的新数据加入模型训练，再共享至云端服务器，完成源源不断的迭代与更新。

10.1.2 研究现状与应用展望

在计算机视觉的热点领域（如人脸识别、物体识别等）中，数据量不足和"数据孤岛"现象出现的频率相对较低，因此联邦学习在计算机视觉领域中的研究主要围绕着一些重要性较高、数据资源不足且共享数据存在难点的领域进行，例如安保领域和医疗领域。安保领域和医疗领域的数据使用往往存在着隐私与法律方面的顾虑，在监管上较其他领域图像数据更为严格，而且这些数据通常由不同的企业与机构采集存储。以上种种原因，使得这些数据很难在不同的企业和机构间直接进行共享。为了解决这一难题，一些学者尝试使用联邦学习技术。Reina等研究人员在医疗领域首次应用了联邦学习技术，他们构建了一个无须上传病患数据与图像数据的在线共享模型，并尝试用这个模型在多个机构间进行联邦学习训练，对解决医疗图像数据的隐私问题进行了初步尝试。但这种研究思路仍存在着一些缺憾与风险，它仍然需要一个有公信力的、可信任的机构作为收集本地模型及训练全局模型的实体。为了避免出现服务器单点故障的现象，联邦学习模型对于这一实体角色有着可信任性和技术实力双方面的高度要求。

为了解决这一难题，Roy等[87]提出了一种去中心化的新型联邦学习架构。这种新型的联邦学习架构使用了已有的网络协议对传统的联邦聚合方法进行改进，去除了联邦学习技术对于中央聚合服务器的依赖。与传统的联邦学习架构相比，去中心化的联邦学习架构不再指定一个特定的服务器作为中央聚合服务器，而是根据网络协议在联邦的用户中随机选择一个作为临时的聚合服务器，在该用户的服务器上进行新版本的模型聚合与更新，此后将最新版本的模型传给各用户部署。然后，该架构一次次地随机选取用户作为临时的聚合服务器，不断地聚合、更新全局模型。在这种新型架构中，各用户都可能作为临时的聚合服务器，因此去除了对于中央聚合服务器这一实体的依赖。而各用户传递的仍然是模型架构及参数，不需要共享任何私有数据与信息。这种去中心化的新型联邦学习架构的不足之处在于：由于各用户都要作为训练节点，不同的节点间达成共识（即每个节点上部署的模型达到状态一致）的过程需要耗费大量的时间。此外，通信开销过大成为整体训练过程中的一个瓶颈。这两个技术上的难题仍有待研究人员去解决。

围绕着计算机视觉领域的难点，对联邦学习进行了大量具有突破性的研究与实验，因此产生了大量普及到用户端的应用，例如在智慧安防、物联网、制造业物品检测等多领域多方面的应用。其中，智慧安防作为智慧城市的一部分，是未来计算机视觉技术的一大重要落地方向，而安防摄像头采集到的图像数据中的主体通常是人，导致数据在共享时存在隐私和监管两个方面的风险。此外，安防摄像头采集到的图像数据受图像背景的影响较大，不同图像中的相同个体由于图像背景、角度差异过大也可能被识别为不同的个体。为了解决上述问题，研究人员普遍认为仍需利用联邦学习技术构建一个更加复杂的模型，即一个通过多维度、多角度图像共同训练得到的行人识别模型。这就不可避免地需要用联邦学习技术来训练复杂的深度卷积神经网络（Convolutional Neural Network，CNN）等模型，同时会带来训练过程中模型参数难以收敛、不同的模型难以聚合的难题。此外，要解决相同个体在不同背景、不同角度的图像中仍能被准确识别的难题，需要将纵向联邦学习模型与横向联邦学习模型结合使用，这会带来新的技术难点，但同时也为未来的发展指明了方向。

在未来，智慧安防的范围仍会不断扩大，因此需要调用大量不同区域与角度的传感器、摄像头去采集数据。而完成智慧安防任务不仅需要协调多个设备，还需要在联邦学习中协调多种多样的图像数据。此外，在去中心化的联邦学习技术中，已体现出了对通信协议与网络协议的依赖。在未来，多个设备、传感器的数据会实时交互，这同样要求研究人员制定出更加先进、高效的通信协议。

10.2　联邦学习在自然语言处理领域的应用

随着新型工业革命的到来和物联网技术的不断发展，各种信息传感器（如便携式、可穿戴的智能设备等）和网络接入技术结合起来，实现了物与物、物与人的广泛连接。同时，实时传感器操作日志和用户行为数据等也累积到这些设备的存储器中。通过自然语言处理技术，上述可穿戴设备可用于意图识别、情感分析、智能问答、健康状态管理和信息检索等。

在自然语言处理模型中，基于循环神经网络（Recurrent Neural Network，RNN）的语言模型在语义预测等任务中表现出了优异的性能。在 RNN 中，长短期记忆网络（Long Short-Term Memory，LSTM）在具有可变大小滑动词窗口的语义识别上具有优异的性能。Gerz 等[88]考虑了 subword 颗粒度的上下文影响并提出了一个精细化的 LSTM 语言模型来优化语义预测。Lam 等[89]将高斯过程引入 LSTM 语言模型，以学习参数不确定性并优化神经网络门参数。Ma 等[90]对多变量使用了一系列单变量 LSTMs 训练异步时间序列，输出预测结果。Aina 等[91]研究了构成语句的词汇单元歧义性，并研究了 LSTM 层中上下文信息的隐藏表示。

传统的语言模型学习是一种中心化的学习方法，即将所有分散的设备数据发送至服务器上进行训练。然而，来自成千上万台移动设备的数据如此巨大，以至于通信成本非常高，服务器很难满足巨大的存储需求。此外，用户的数据具有高度私密性和敏感性，但在中央服务器和边缘设备之间传输时面临数据欺诈和泄露的风险。联邦学习通过在移动设备上协同训练语言模型，而不是将数据上传到服务器，并从分布式模型中学习，降低了数据传输的成本和隐私泄露风险。

10.2.1　联邦自然语言处理技术进展

一般来说，自然语言处理模型训练主要由以下 3 个阶段构成：①全局服务器初始化模型参数，然后设备工作者下载模型。②各方分别在其本地数据上独立地训练模型。③所有经过本地训练的模型通过一个安全协议隧道上传到服务器，并聚合为一个全局模型。最终，由 3 个阶段组成的模型训练过程迭代多轮，直至全局损失收敛或达到阈值。然而，即使使用这种有效的训练模式，关键问题也是模型参数交换产生的巨大聚合和通信开销成本。

在处理聚合问题上，McMahan 等提出了一种联邦平均（Federated Averaging, FedAvg）算法，并将其广泛地应用于边缘设备覆盖的业务场景中。然而，该算法仅计算平均的模型参数，并将其作为每轮全局模型的迭代参数。彭等[92]计算了两个工作模型的相互信息，并认为联邦平均算法不是基于熵理论的最优方法。Ji 等[93]介绍了一个注意联邦聚合机制（Attentive Federated Learning, FedAtt），用于缩小服务器模型和工作模型之间的加权距离。另外，通信效率是目前联邦学习的一个关键问题。姚等[94]提出了一个双流模型，而不是一个单一的训练模型，以减少资源约束，每次迭代都采用最大平均差异原则。Vogels 等[95]将一种新的低阶梯度压缩算法引入功率层迭代，以快速聚合模型，并执行时钟加速。Lin 等发现，联邦随机梯度下降（Stochastic Gradient Descent, SGD）中 90%以上的梯度信息是多余的，并将动量修正、因子掩蔽和局部裁剪应用于梯度压缩。

10.2.2　联邦自然语言处理应用

意图识别是自然语言处理中的基本问题，其在智能客服、评分分类等应用中至关重要。当前，意图识别的研究进展主要源于深度神经网络，其通常的做法是把预先训练的词嵌入向量，然后利用卷积或循环神经网络抽取句子的层次特征。其中，文本卷积神经网络（Text Convolutional Neural Network，TextCNN）常常应用于句子级的分类任务，它也是自然语言处理的基本结构。朱等[96]引入了数据集样本层面的差异私有联邦学习，以保护模型训练过程中各方的数据隐私，并评估了联邦 TextCNN 模型在不平衡数据负载配置下的性能，即对不同的数据噪声分布具有较强的鲁棒性，测试精度的方差小于 3%。

在手机、iPad 或笔记本电脑等移动智能设备上，用户往往通过虚拟键盘输入信息。Andrew 等[32]使用联邦学习训练基于循环神经网络的语言模型，对虚拟键盘输入的下一个单词进行预测。他们进一步比较了基于服务端的随机梯度下降和终端的联邦平均算法的模型效果，发现基于终端的联邦平均算法实现了更好的召回。该工作也证明了在不向中央服务器发送用户敏感数据的情况下，在客户端设备上训练语言模型的可行性和好处。联邦学习环境使用户能够更好地控制数据的使用，有效地完成分布式模型训练和跨客户端的聚合隐私的任务。除了上述的意图识别和单词预测，联邦自然语言处理还在其他场景中有广泛的应用[36]。

10.2.3 挑战与展望

自然语言处理的本质是利用计算机实现自然语言数据的智能化处理和分析。然而，以自然语言为核心的语义理解依然是机器难以逾越的鸿沟，主要面临以下三大真实挑战：①形式化知识系统存在明显的构成缺失，如需要找寻和填补动作、行为、状态机等知识。②深层结构化语义分析存在明显的性能不足。③跨模态语言理解存在显著的局限。联邦学习利用多方的语料数据，为探索自然语言处理研究和落地提供了新范式。我们相信随着联邦自然语言处理技术的发展，这三大挑战将会逐步被克服。

10.3 联邦学习在大健康领域中的应用

机器学习正在成为大健康领域的知识发现新方法，该方法往往需要丰富多样的医疗数据。然而，医疗数据普遍存在获取难度大、关联程度低等问题。通过去中心化的数据协作模式，联邦学习能有效地解决上述问题。在联邦学习计算框架下，利用多方海量的无偏数据样本训练机器学习模型，能有效地反映个体的生理特质并精准地预测罕见疾病。因此，联邦学习将为精准医疗提供技术支持。

下面进一步讨论联邦学习在大健康领域中的应用,及各实施联邦学习方所面临的关键问题和挑战。同时,在推进联邦学习这种新的分布式学习范式时,亦需考虑产业链条上各参与方的实际利益诉求。

10.3.1 联邦学习的大健康应用发展历程

1. 数据依赖和风险合规

机器学习在大健康领域应用的基本准则是使用算法分析、挖掘数据,从而学习和掌握其中的规则,最终辅助医生做临床决策。因此,这种数据驱动的方法高度依赖于描述实际病理的底层数据。优质的数据集常被用于测试、评估最先进的算法,甚至被视为经济增长和科学进步的核心资源,而收集、清洗和维护数据集往往周期长、成本高。大型数据集一般都汇集在数据湖中,并对外提供访问服务。目前,大健康领域在国际上已形成了有一定影响力的综合和专业数据集。以掌握综合数据集的机构为例,有苏格兰的国家安全港(NHS Scotland's National Safe Haven)、法国健康数据中心(French Health Data Hub)[97]和英国健康数据研究所(Health Data Research UK)。以掌握特定任务或疾病的专业数据集为例,有人类连接体(Human Connectome)[98]、英国生物库(UK Biobank)[99]、国际多模式肿瘤分割(International multimodal Brain Tumor Segmentation)[100]等。

然而,公开发布数据不仅存在隐私和数据保护相关的监管与法律挑战,也带来了诸多技术挑战。例如,如何安全地传输医疗保健数据依然棘手。以电子健康记录数据为例,通过某些匿名数据能反向识别患者[101],与指纹一样,通过基因组和医学影像数据也能反向识别患者[102]。要想彻底消除患者身份反向识别或信息泄露的可能性,通常建议让已批准的数据库访问用户进行受限制的门控访问。因此,服务端的数据提供方一般也会限制数据的使用范围。

2. 联邦学习的作用

在解决隐私保护的前提下，利用非本地数据训练机器学习模型是联邦学习最核心的作用。在该框架内，各参与方不仅能自定义其数据治理和相关的隐私策略，还能控制数据访问的权限。通过联邦学习体系内的数据共享，大健康领域将不断涌现出新机遇。例如，由于发病率低和各方样本量少，难以对罕见病进行系统性研究，联邦学习则使其变为可能。

联邦学习还有另外一个显著的优势：高维度、存储密集型的健康数据不必复制到本地服务器。在该框架下，模型参数被保存至各方服务器，随着各参与方数据量的增加而更新，即不存在过度增加数据存储服务器的需求。

3. 联邦学习对大健康领域的贡献

联邦学习是一种分布式机器学习的模式，其应用范围涵盖了整个医疗领域的人工智能应用。它使得在数据全局分布下的病理分析成为可能，并将持续带来颠覆性的创新。例如，利用各方的电子健康档案，联邦学习有助于挖掘临床表现相似的患者，以及预测因心脏疾病导致的住院率、死亡率和重症监护时间等[103]。在医学影像领域，如磁共振成像中的全脑和脑肿瘤分割等，联邦学习的适用性和优势也得到了证实。该项技术被用于磁共振成像分类，以寻找可靠的疾病相关生物标志物，这也被认为是 COVID-19 疫情下的新型方法[104]。

值得注意的是，联邦学习仍需要协议来定义数据使用范围、目标和使用的技术。因此，当前的探索计划，本质上是为未来医疗保健提供安全、公平和创新协作的标准。其包括旨在推进学术研究的平台，如值得信赖的联邦数据分析（Trustworthy Federated Data Analytics）项目和德国癌症联盟的联合影像平台，这使得德国各方医学成像研究机构能够进行分散研究。此外，最近还有一个利用联邦学习开发人工智能模型的国际合作项目，用于识别乳房 X 光照片。该项目的研究结果表明，基于多方数据的联邦学习所训练的模型的效果更好，且具有更好的泛化能力。

联邦学习框架联合多方医疗机构，不仅能促进科学研究，还能直接作用于临床。例如，HealthChain 项目为在法国的四家医院开发和部署联邦学习框架，旨在训练预测乳腺癌和黑色素瘤患者治疗反应的通用模型。该项目有助于肿瘤学家从组织切片或皮肤镜图像中为每位患者确定最有效的治疗方法。另外，一个由 30 家医疗保健机构组成的国际联合会，使用有图形用户界面的开源联邦学习框架，旨在提高对肿瘤边界的检测效果，包括脑胶质瘤、乳腺肿瘤、肝肿瘤和多发性骨髓瘤患者的骨病变等。在新药研究上，联邦学习甚至能使相互竞争的医药公司共同研发。如 Melloddy 项目，其旨在跨十家制药公司的数据集部署多个联邦学习任务。通过训练共同的预测模型，它可以推断出化合物与蛋白质的结合过程，并以此优化药物发现过程，而不必透漏各方的内部数据。

10.3.2 挑战与顾虑

尽管联邦学习有诸多优点，但它并不能解决医疗行业所固有的问题。机器学习模型训练本质上依赖于数据质量、偏差和标准化等因素。我们通常还需要仔细地研究设计系统、定义数据采集的通用协议、生成结构化报告和发现数据偏差等，共同解决上述问题。接下来，我们将讨论其关键方面。

1. 数据异质性

医疗数据往往分布各异，除了模式、维度和一般特征的多样性导致了差异，数据采集、医疗器械品牌或当地人口统计等因素也会导致显著的差异。数据分布的异质性（非独立同分布的数据分布特征）对联邦学习算法和策略提出了挑战。最近的研究表明，FedProx[105]、部分数据共享策略和自适应联邦学习能有效地解决上述问题。另外，联邦全局的最优解未必是单个参与方的最优解，所有参与方事前往往需要共同完成最优解定义。

2. 隐私与安全

需要注意的是，联邦学习并不能解决所有潜在的隐私保护问题，与一般的机器学习算法类似，它总会带来一些风险。虽然联邦学习的隐私保护技术提供了高隐私保护级别，但是其在模型性能上有折中，并最终影响模型的精度。此外，未来的技术和/或辅助数据可用于损害先前被认为是低风险的模型。

3. 可追溯和可问责

与本地模型训练不同，联邦学习需跨各方的硬件、软件和网络方面的环境进行多方计算。因此，所有系统资产（数据访问历史、培训配置和超参数调优等）需可追溯。特别是在不受信任的联合体中，可追溯和可问责流程需要完整执行。此外，模型训练的统计结果作为模型开发工作流程的一部分需得到各方批准。尽管每个节点都可以访问自己的原始数据，但是仍需要提供一些其他方式来提高全局模型的解释性和可解释性。

4. 系统架构

与在消费设备中进行联邦学习计算不同，医疗机构配置了相对强大的计算资源和稳定、吞吐量大的网络，并在节点之间共享更多的模型信息。类似地，联邦学习的系统架构也带来了新的技术进步要求，例如使用冗余节点来确保通信时的数据完整性、设计安全的加密方法来防止数据泄露，以及设计适当的节点调度器来充分利用分布式计算设备并减少空闲时间。

此外，模型训练可以在某种"诚实的经纪人"系统中进行。在这种系统中，受信任的第三方充当中间人，方便访问数据。这种设置需要一个独立的实体来控制整个系统，因为它可能涉及额外的成本和程序黏性。但是，它的优点是可以将精确的内部机制从客户机中抽象出来，使系统更灵活、更新且更简单。在点对点系统中，每个节点直接与部分或所有其他参与方进行交互。此外，在基于不信任的体系结构中，平台运营方可以通过安全协议以密码方式获得信任但是这可能会引入额外的计算开销。

联邦学习是获得强大、准确、安全、健壮和无偏训练模型的技术，并能有效地解决医疗数据隐私相关的问题。在该框架下，机器学习方法能从接近真实、全局分布的数据中推断出普适规律，为数字医疗领域带来创新。同样，它可以开辟新的研究和商业途径，如提升医学图像分析能力，为临床医生提供更好的诊断工具，搜索相似的患者从而实现真正的精确医学，加快新药物的发现速度，减少药物的研发成本，缩短药物的上市时间等。

10.4 联邦学习在物联网中的应用

10.4.1 物联网与边缘计算

物联网的概念最早于 1995 年出现在比尔·盖茨的著作《未来之路》[106]中，并于 2005 年在国际电信联盟（ITU）发布的《ITU 互联网报告 2005：物联网》中被正式提出。物联网（Internet of Things，IoT）是指通过各种信息传感设备和技术（例如，射频识别、二维码、智能传感器等），对任意物理实体进行信息采集，并依据协议进行信息交互及加工，从而定位识别及监控管理这些物体的一种网络。目前，物联网的发展及应用已覆盖到很多领域，包括智慧城市、智能家居、智能交通、环境监测、可穿戴智能设备等。图 10-4-1 为物联网示意图。

要想对物联网终端采集到的数据进行相应的分析及应用，就需要将数据上传到云端服务器，利用云计算进行模型的训练及迭代。但这种做法存在两个主要缺陷：一是数据在上传到云端服务器时可能会出现隐私泄露的问题，用户的隐私安全得不到保障。二是数据在上传到云端服务器的过程中会由于计算量、数据异构和网络信号限制等问题造成延迟。边缘计算的应用在一定程度上解决了数据传输中的延迟问题。边缘计算，顾名思义，是发生在整个网络的边缘，即靠近物体或数据源的计算过程（如图 10-4-2 所示）。与云计算相比，边缘计算将数据处理和计算的过程下沉到了物联网终端设备附近，利用数据源到云端服务器之间的某些具备相应应用核心能力的平台就近为用户提供运算服务。由于更靠近数据源，边缘计算能够更快地完成数据的处理和分析，同时减少网络流量限制带来的影响，大大缩短了延迟时间。然而边缘计算依旧需要将本地数据上传到进行边缘计算的平台，或最终上传到云端服务器，因此并未解决物联网环境中的数据隐私和数据安全问题。

图 10-4-1　物联网示意图

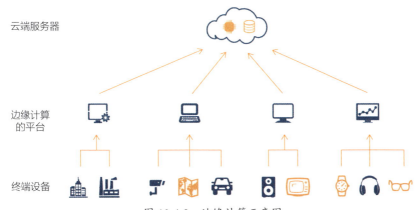

图 10-4-2　边缘计算示意图

10.4.2 人工智能物联网

随着科技不断发展和成熟，越来越多的人工智能技术被应用到物联网的建设中，诞生了人工智能物联网（AIoT）。基于联邦学习具有的隐私保护属性，把联邦学习引入物联网将成为解决物联网数据安全问题的一种有效途径。联邦学习提供的隐私保护协议允许各智能终端设备在不向云端服务器传输本地数据的情况下共同完成机器学习模型的训练和迭代。在联邦学习场景中，各智能终端设备只需在本地完成模型的更新并向云端服务器提交各自的模型梯度而非本地数据，有效地保护了用户的隐私和数据安全。同时，在联邦学习场景中，每一个终端设备都能拥有一个基于本地数据的自有模型，模型计算结果将更贴近每个用户的实际需求。以智能家居为例，智能家居系统记录了大量的家庭起居数据，包括进出时间、生活习惯、谈话内容、人脸信息及指纹等隐私数据。对于用户来说，这些数据在上传到云端服务器的过程中如果发生泄露，那么第三方可能会掌握他的行动轨迹或生物识别信息，从而给他的人身及财产安全带来隐患。通过联邦学习结合边缘计算，智能家居系统可以在本地的智能终端平台上收集和汇总各智能家居设备上传的数据，完成所有模型的迭代，并将模型更新后的梯度上传至云端服务器。这样既保证了快速响应的需求，又保护了用户的隐私安全。

中国光大集团在 AIoT 领域早已有所涉猎。2015 年 11 月，特斯联科技集团有限公司（简称为特斯联）正式成立，全面布局"物联网"。随着人工智能（AI）及物联网技术的不断发展，特斯联将边缘计算等人工智能算法融入物联网技术，利用 AIoT 赋能传统行业，以人工智能+物联网技术打造智慧城市（AI City）。特斯联的 AIoT 技术成熟，产品涉及智能终端设备、边缘计算设备、AIoT 平台等，充分实现了人工智能+物联网的基础布局。特斯联官网宣称，联邦学习技术的应用能够进一步提升智能物联网产品对用户隐私安全数据的保护能力，助力打造更"安全"的智慧城市。

10.4.3 研究现状与挑战

联邦学习在物联网领域的应用前景十分广阔,但同时传统的联邦学习技术在物联网领域的部署还面临着重重挑战。在技术方面,要想在本地的边缘计算终端设备上实现联邦学习,那么要求终端设备具有足够强大的计算能力,以应对复杂模型的建立和更新迭代带来的大量计算。同时,也需要对传统的分布式架构进行重新设计,以解决物联网中计算设备的异构问题。在算法方面,如何提高联邦学习算法的效率及如何在联邦学习场景处理物联网环境中复杂的异构数据也都是亟待解决的问题。目前,围绕着物联网环境的数据异构情况,各国科学家展开了对新兴的个性化联邦学习算法的研究[107,108],例如联邦知识蒸馏(Federated Distillation)、联邦元学习(Federated Meta Learning)、联邦多任务学习(Federated Multi-task Learning)等[38],用以替代传统的联邦学习算法。相信随着对人工智能及物联网领域的研究不断深入和硬件设备不断更新换代,这些难题终将迎刃而解。

附录 1
RSA 公钥加密算法

公钥加密算法是指由对应的一对唯一性密钥（即公钥和私钥）组成的加密方法。RSA 公钥加密算法[109]于 1977 年由罗纳德·李维斯特（Ron Rivest）、阿迪·萨莫尔（Adi Shamir）和伦纳德·阿德曼（Leonard Adleman）一起提出，是目前使用得较广泛的公钥加密算法之一。

1. RSA 公钥加密算法的加密过程

（1）生成公钥 n。任意选取质数 p、q，计算 $n = pq$。计算欧拉函数 $\varphi(n) = (p-1)(q-1)$，选取公钥 e，使 e 与 $\varphi(n)$ 互质，且 $1 < e < \varphi(n)$。

（2）计算私钥 d。使 $de \equiv 1 \bmod \varphi(n)$。

（3）使用公钥对明文 M 加密。$C \equiv M^e \bmod n$。

（4）使用私钥对密文 C 解密。$M \equiv C^d \bmod n$。

2. RSA 公钥加密算法的加密原理

下面介绍实现 RSA 公钥加密算法用到的背景知识。

（1）互质关系。如果两个正整数没有除了 1 以外的公因子，那么这两个数构成互质关系。

（2）欧拉函数。欧拉函数是指给定任意正整数 n，在小于等于 n 的正整数之中，与 n 构成互质关系的数的个数，用 $\varphi(n)$ 表示。

（3）欧拉定理。如果两个正整数 a 和 n 互质，那么 $a^{\varphi(n)} \equiv 1 \bmod n$。

（4）模反元素。如果两个正整数 a 和 n 互质，那么一定有正整数 b，使 $ab \equiv 1 \bmod n$，此时 b 称为 a 的模反元素。

RSA 公钥加密算法的加密过程不难理解，下面证明它的私钥解密过程 $M \equiv C^d \bmod n$。

证明如下：

由 $C \equiv M^e \bmod n$，

故 C 可以表示为

$$C \equiv M^e - kn$$

k 为某一整数，求证 $M \equiv C^d \bmod n$，即求证

$$(M^e - kn)^d \equiv M \bmod n$$

只需证明 $M^{ed} \equiv M \bmod n$。

因为 $ed \equiv 1 \bmod \varphi(n)$，所以

$$ed = h\varphi(n) + 1$$

h 为某一整数，代入上式，即证明

$$M^{h\varphi(n)+1} \equiv M \bmod n$$

（1）当 m 与 n 互质时，

由欧拉定理 $M^{\varphi(n)} \equiv 1 \bmod n$，

故 $(M^{\varphi(n)})^h \times M \equiv M \bmod n$ 得证。

（2）当 m 与 n 不互质时，

因为 $n = pq$，所以不妨令 $M = kp$，因为 q 是质数，所以 k 与 q 互质，

由欧拉定理 $(kp)^{q-1} \equiv 1 \bmod q$，

故 $((kp)^{q-1})^{h(p-1)} \times kp \equiv kp \bmod q$，

即

$$(kp)^{ed} \equiv kp \bmod q$$

故 $(kp)^{ed}$ 可以表示为

$$(kp)^{ed} = hq + kp$$

因为 p、q 是质数，所以 $h = h'p$，

h' 为某一整数，则 $(kp)^{ed} = h'pq + kp$。

因为 $n = pq$，$M = kp$，所以上式可以化简为

$$M^{ed} = h'n + m$$

故 $M^{ed} \equiv M \bmod n$ 得证。

附录 2
Paillier 半同态加密算法

Paillier 加密系统[70,109]，是 1999 年由 Pascal Paillier 提出的一种基于合数幂剩余类问题的概率公钥加密系统。根据其明文的计算在指数上这一特点，Paillier 半同态加密算法具有很好的加法同态和数乘同态特性，在需要密文加法运算的应用场合极具竞争力。

1. Paillier 密码体系

1）基于合数幂剩余类问题的概率加密方案

定义如下记号：

集合 $\{[0],[1],\cdots,[n-1]\}$ 构成一个模 n 的剩余类环，记 $Z_n = \{0,1,\cdots,n-1\}$。

Z_n 中所有可逆元素的模 n 同余类构成的群，记 $Z_n^* = \{0 < a < n, (a,n) = 1\}$，例如 $Z_8^* = \{[1],[3],[5],[7]\}$。

gcd：最大公约数，lcm：最小公倍数。

（1）密钥生成。

① 选取两个大质数 p 和 q，保证 $\gcd(pq,(p-1)(q-1)) = 1$。

② 计算 $n = pq$,$\lambda = \text{lcm}(p-1, q-1)$。

③ 选取 $g \in Z_{n^2}^*$,满足 $\gcd(L(g^\lambda \bmod n^2), n) = 1$,其中 $L(x) = \dfrac{x-1}{n}$。

④ 生成公钥 (n, g)。

⑤ 生成私钥 (p, q)(或 λ)。

(2)加密过程。

① 创建明文消息 $m \in Z_n$。

② 随机选取 $r \in Z_{n^2}^*$。

③ 计算密文消息 $c \equiv g^m \cdot r^n \bmod n^2$。

(3)解密过程。

① 给定密文消息 $c \in Z_{n^2}^*$。

② 计算明文消息 $m \equiv \dfrac{L(c^\lambda \bmod n^2)}{L(g^\lambda \bmod n^2)} \bmod n$。

2)基于合数幂剩余类问题的单向陷门置换

(1)密钥生成。

同基于合数幂剩余类问题的概率加密方案的密钥生成过程。

(2)加密过程。

① 创建明文消息 $m \in Z_{n^2}$,满足 $m = m_1 + n \cdot m_2$,其中 $m_1 \in Z_n$,$m_2 \in Z_n^*$。

② 计算密文消息 $c \equiv g^{m_1} \cdot m_2^n \bmod n^2$。

(3）解密过程。

① 给定密文消息 $c \in Z_{n^2}^*$。

② 计算 $m_1 \equiv \dfrac{L(c^\lambda \bmod n^2)}{L(g^\lambda \bmod n^2)} \bmod n$。

③ 构造 $c' \equiv c \cdot g^{-m_1} \bmod n$。

④ 计算 $m_2 \equiv (c')^{n^{-1} \bmod \lambda} \bmod n$。

⑤ 计算明文消息 $m = m_1 + n \cdot m_2$。

2. Paillier 加密/解密算法原理

Paillier 密码体系主要运用了合数幂剩余类问题相关的定理和推论，下面介绍用到的相关知识和理论。

设 $n = pq$，其中 p 和 q 为两个大质数，则欧拉函数 $\varphi(n) = (p-1)(q-1)$，Carmichael 函数 $\lambda(n) = \mathrm{lcm}(p-1, q-1)$，$\left|Z_{n^2}^*\right| = \varphi(n^2) = n\varphi(n)$，根据 Carmichael 理论有如下结论。

对于 $\forall \omega \in Z_{n^2}^*$，有

$$\begin{cases} \omega^\lambda \equiv 1 \bmod n \\ \omega^{\lambda n} \equiv 1 \bmod n^2 \end{cases}$$

定义 2-1 对于 $z \in Z_{n^2}^*$，如果存在 $y \in Z_{n^2}^*$，使得 $z \equiv y^n \bmod n^2$，则 z 叫模 n^2 的 n 次剩余。

引理 2-1

（1）n 次剩余构成的集合 C 是 $Z_{n^2}^*$ 的一个阶为 $\varphi(n)$ 的乘法子群，且每一个 n 次

剩余 z 都有 n 个根，其中只有一个严格小于 n。

（2）单位元 1 的 n 次剩余根为 $(1+n)^t \equiv 1 + tn \bmod n^2 \; (t = 0,1,\cdots,n-1)$。

（3）对 $\forall \omega \in Z_{n^2}^*$，$\omega^{\lambda n} \equiv 1 \bmod n^2$。

证明：

（1）设 $z_1, z_2 \in C$，则存在 $y_1, y_2 \in Z_{n^2}^*$，使得 $z_1 \equiv y_1^n \bmod n^2$，$z_2 \equiv y_2^n \bmod n^2$。因为 $y_2^{-1} \in Z_{n^2}^*$，所以 $y_1 y_2^{-1} \in Z_{n^2}^*$，$z_1 z_2^{-1} \equiv \left(y_1 y_2^{-1}\right)^n \bmod n^2 \in C$，$C$ 是 $Z_{n^2}^*$ 的子群。又设 $y\,(y < n)$ 是 $z \equiv y^n \bmod n^2$ 的解，则

$$(y + tn)^n = y^n + y^{n-1} tn^2 + \cdots \equiv y^n \bmod n^2 \equiv z \;(\text{其中}, \; t = 0,1,\cdots,n-1)$$

因此 $y + tn\,(t = 0,1,\cdots,n-1)$ 都是 $z \equiv y^n \bmod n^2$ 的解，所以 C 中每一个元素都有 n 个根，即

$$|C| = \frac{1}{n} \left| Z_{n^2}^* \right| = \frac{n\varphi(n)}{n} = \varphi(n)$$

（2）易证 $(1 + tn)^n = 1 + tn^2 + \cdots \equiv 1 \bmod n^2$。

（3）因为 $\omega^\lambda \equiv 1 \bmod n$，所以 $\omega^\lambda = 1 + tn$，t 为某个整数。

$$\omega^{n\lambda} = (1 + tn)^n = 1 \bmod n^2$$

（引理 2-1 证毕）

设 $g \in Z_{n^2}^*$，定义 ε_g 为如下整型值函数

$$\begin{cases} Z_n \times Z_n^* \mapsto Z_{n^2}^* \\ (x, y) \mapsto g^x y^n \bmod n^2 \end{cases}$$

引理 2-2 如果 g 的阶是 n 的非零倍，则 ε_g 是双射的。

证明：

因为 $|Z_n \times Z_n^*| = n\varphi(n) = |Z_{n^2}^*|$，所以 ε_g 是满射当且仅当 ε_g 是单射的，因此只需证明 ε_g 是单射的。

假设 $g^{x_1} y_1^n \equiv g^{x_2} y_2^n \bmod n^2$，那么 $g^{x_2-x_1} \cdot \left(\dfrac{y_2}{y_1}\right)^n \equiv 1 \bmod n^2$，两边同时取 λ 次方得

$$g^{\lambda(x_2-x_1)} \cdot \left(\frac{y_2}{y_1}\right)^{\lambda n} \equiv 1 \bmod n^2$$

因为 $\dfrac{y_2}{y_1} \in Z_{n^2}^*$，由引理 2-1(3) 得

$$\left(\frac{y_2}{y_1}\right)^{\lambda n} \equiv 1 \bmod n^2$$

可得

$$g^{\lambda(x_2-x_1)} \equiv 1 \bmod n^2$$

因此有 $\mathrm{ord}_{n^2} g \mid \lambda(x_2 - x_1)$，因为 g 的阶是 n 的非零倍，进而有 $n \mid \lambda(x_2 - x_1)$，又知 $\gcd(\lambda, n) = 1$，所以 $n \mid x_2 - x_1$。又由于 $x_1, x_2 \in Z_n$，则有 $|x_2 - x_1| < n$，所以 $x_1 = x_2$。

$g^{x_2-x_1} \cdot \left(\dfrac{y_2}{y_1}\right)^n \equiv 1 \bmod n^2$ 可简化为 $\left(\dfrac{y_2}{y_1}\right)^n \equiv 1 \bmod n^2$，由引理 2-1(2) 可知，模 n^2 下的单位元的根在 Z_n^* 上是唯一的，且为 1，所以可得 $\dfrac{y_2}{y_1} = 1$，即 $y_1 = y_2$。

综上所述，ε_g 是双射的。

（引理 2-2 证毕）

设 $B_a \subset Z_{n^2}^*$ 表示阶为 na 的元素构成的集合，B 表示 B_a 的并集，其中 $a = 1, 2, \cdots, \lambda$。

定义 2-2 设 $g \in B$，对于 $\omega \in Z_{n^2}^*$，如果存在 $y \in Z_n^*$ 使得 $\varepsilon_g(x, y) = \omega$，那么称 $x \in Z_n$ 为 ω 关于 g 的 n 次剩余，记作 $[[\omega]]_g$。

引理 2-3

（1）$[[\omega]]_g = 0$ 当且仅当 ω 是模 n^2 的 n 次剩余。

（2）对于 $\forall \omega_1, \omega_2 \in Z_{n^2}^*$，有 $[[\omega_1 \omega_2]]_g \equiv [[\omega_1]]_g [[\omega_2]]_g \bmod n$。即对于 $\forall g \in B$，函数 $\omega \mapsto [[\omega]]_g$ 是从 $(Z_{n^2}^*, \times)$ 到 $(Z_n, +)$ 的同态。

证明：

（1）显然，证明略。

（2）因为 $\omega_1 \equiv g^{[[\omega_1]]_g} r_1^n \bmod n^2$，$\omega_2 \equiv g^{[[\omega_2]]_g} r_2^n \bmod n^2$，可得

$$\omega_1 \omega_2 \equiv g^{[[\omega_1]]_g [[\omega_2]]_g} (r_1 r_2)^n \bmod n^2$$

所以 $[[\omega_1 \omega_2]]_g \equiv [[\omega_1]]_g [[\omega_2]]_g \bmod n$。

（引理 2-3 证毕）

已知 $\omega \in Z_{n^2}^*$，求 $[[\omega]]_g$，称为基为 g 的 n 次剩余类问题，表示为 $\text{Class}[n, g]$。

引理 2-4 $\text{Class}[n, g]$ 关于 $\omega \in Z_{n^2}^*$ 是随机自归约的。

证明： 对于 $\text{Class}[n, g]$ 的任一实例 $\omega \in Z_{n^2}^*$，在 Z_n 上均匀随机选取 α、β（$\beta \notin Z_n^*$ 的概率忽略不计），构造 $\omega' \equiv \omega g^\alpha \beta^n \bmod n^2$，可得

$$\omega' \equiv g^{[[\omega]]_g + \alpha} (r\beta)^n \bmod n^2$$

$$[[\omega]]_g = [[\omega']]_g - \alpha \bmod n$$

（引理 2-4 证毕）

引理 2-5 $\text{Class}[n, g]$ 关于 $g \in B$ 是随机自归约的，即对于 $\forall g_1, g_2 \in B$，$\text{Class}[n, g_1] \equiv \text{Class}[n, g_2]$。其中，符号 $P_1 \equiv P_2$ 表示问题 P_1 和 P_2 在多项式时间内等价。

证明： 已知 $\omega \in Z_{n^2}^*$，$g \in B$，存在 $y_1 \in Z_n^*$，使得 $\omega \equiv g_2^{[[\omega]]_{g_2}} y_1^n \bmod n^2$。同理，对于 $g_1, g_2 \in B$，存在 $y_2 \in Z_n^*$，使得 $g_2 \equiv g_1^{[[g_2]]_{g_1}} y_2^n \bmod n^2$，可得

$$\omega \equiv \left(g_1^{[[g_2]]_{g_1}} y_2^n\right)^{[[\omega]]_{g_2}} y_1^n \bmod n^2$$

$$\omega \equiv g_1^{[[g_2]]_{g_1}[[\omega]]_{g_2}} \left(y_2^{[[\omega]]_{g_2}} y_1\right)^n \bmod n^2$$

$$[[\omega]]_{g_1} \equiv [[\omega]]_{g_2} [[g_2]]_{g_1} \bmod n$$

即由 $[[\omega]]_{g_2}$ 可求 $[[\omega]]_{g_1}$，所以 $\text{Class}[n, g_1] \Leftarrow \text{Class}[n, g_2]$。

因为 $\varepsilon_{g_1}(1,1) = g_1$，可知 $[[g_1]]_{g_1} = 1$，将 $\omega = g_1$ 代入 $[[\omega]]_{g_1} \equiv [[\omega]]_{g_2} [[g_2]]_{g_1} \bmod n$，得 $[[g_1]]_{g_2} [[g_2]]_{g_1} \equiv 1 \bmod n$，即 $[[g_1]]_{g_2} = [[g_2]]_{g_1}^{-1}$，所以 $[[\omega]]_{g_2} \equiv [[\omega]]_{g_1} [[g_1]]_{g_2} \bmod n$，

即由 $[[\omega]]_{g_1}$ 可求 $[[\omega]]_{g_2}$，所以 $\text{Class}[n, g_2] \Leftarrow \text{Class}[n, g_1]$。

（引理 2-5 证毕）

由引理 2-5 可知，$\text{Class}[n, g]$ 的复杂性与 g 无关，因此可以将它看成仅依赖于 n 的计算问题。

定义 2-3　已知 $\omega \in Z_{n^2}^*$，$g \in B$，计算 $[[\omega]]_g$，这称为计算合数幂剩余类问题，表示为 $\text{Class}[n]$。

设 $S_n = \{u < n^2 \mid u \equiv 1 \bmod n\}$，在其上定义函数 L 如下

$$\forall u \in S_n, L(u) = \frac{u-1}{n}$$

显然函数 L 是良定的。

引理 2-6　对于 $\forall \omega \in Z_{n^2}^*$，$L(\omega^\lambda \bmod n^2) \equiv \lambda [[\omega]]_{1+n} \bmod n$。

证明：因为 $1+n \in B$，所以存在唯一的 $(a,b) \in Z_n \times Z_n^*$，使得 $\omega \equiv (1+n)^a b^n \bmod n^2$，即 $a = [[\omega]]_{1+n}$。由引理 2-1(3)可知 $b^{n\lambda} \equiv 1 \bmod n^2$，可得

$$\omega^\lambda = (1+n)^{a\lambda} b^{n\lambda} \equiv 1 + an\lambda \bmod n^2$$

$$L(\omega^\lambda \bmod n^2) = L(1 + an\lambda \bmod n^2) = \frac{1 + an\lambda - 1}{n} = a\lambda \equiv \lambda [[\omega]]_{1+n} \bmod n$$

（引理 2-6 证毕）

定理 2-1　$\text{Class}[n] \Leftarrow \text{Fact}[n]$。

证明：因为 $[[g]]_{1+n} \equiv [[1+n]]_g^{-1} \bmod n$ 是可逆的，所以由引理 2-6 可知 $L(\omega^\lambda \bmod n^2) \equiv \lambda [[\omega]]_{1+n} \bmod n$ 可逆。已知 n 的因式分解，可求 λ 的值，因此，对于 $\forall g \in B$，$\omega \in Z_{n^2}^*$，可以计算

$$\frac{L(\omega^\lambda \bmod n^2)}{L(g^\lambda \bmod n^2)} = \frac{\lambda[[\omega]]_{1+n}}{\lambda[[g]]_{1+n}} = \frac{[[\omega]]_{1+n}}{[[g]]_{1+n}} = [[\omega]]_{1+n}[[1+n]]_g \equiv [[\omega]]_g \bmod n$$

（定理 2-1 证毕）

已知 $\omega \equiv y^e \bmod n$，求 y，这称为求模 n 的 e 次根，表示为 $\text{RSA}[n,e]$。

定理 2-2 $\text{Class}[n] \Leftarrow \text{RSA}[n,n]$。

证明：由引理 2-5 可知，$\text{Class}[n,g]$ 关于 $g \in B$ 是随机自归约的，且 $1+n \in B$，因此只需要证明 $\text{Class}[n,1+n] \Leftarrow \text{RSA}[n,n]$。

对于给定的 $\omega \in Z_{n^2}^*$，存在 $x \in Z_n$，使得 $\omega \equiv (1+n)^x y^n \bmod n^2$。因为 $(1+n)^x \equiv 1 \bmod n$，$\omega \equiv y^n \bmod n$，假如可求出 y，进一步可以求出 x。

$$\frac{\omega}{y^n} = (1+n)^x \equiv 1 + xn \bmod n^2$$

（定理 2-2 证毕）

猜想 不存在求解合数幂剩余类问题的概率多项式时间算法，即 $\text{Class}[n]$ 是困难的。

这一猜想称为计算合数幂剩余类假设（Computational Composite Residuosity Assumption，CCRA）。它的随机自归约性意味着 CCRA 的有效性仅依赖于 n 的选择。

3. Paillier 加密/解密算法的特性

Paillier 加密/解密体系除了具有随机自归约性，还有加法同态性和重加密两个特性。

1）加法同态性

加密函数 ε_g 具有加法同态性，即对于 $\forall m_1, m_2 \in Z_n$，$\forall k \in N$，以下等式成立

$$D\left(E(m_1)E(m_2) \bmod n^2\right) = m_1 + m_2 \bmod n$$

$$D\left(E(m)^k \bmod n^2\right) = km \bmod n$$

$$D\left(E(m_1)g^{m_2} \bmod n^2\right) = m_1 + m_2 \bmod n$$

$$\left.\begin{array}{l} D\left(E(m_1)^{m_2} \bmod n^2\right) \\ D\left(E(m_2)^{m_1} \bmod n^2\right) \end{array}\right\} = m_1 m_2 \bmod n$$

这些性质在电子选举、门限加密方案、数字水印、秘密共享方案及安全的多方计算等领域有重要应用。

2）重加密

已知一个公钥加密方案(E,D)，重加密 RE（re-encryption）是指已知(E,D)的一个密文c，在不改变c对应的明文的前提下，将c变为另一个密文c'，表示为$c' = \mathrm{RE}(c,r,\mathrm{pk})$，其中 pk 为公钥，$r$为随机数。

Paillier 密码体系满足以下性质，即

$$\text{对于} \forall m \in Z_n, \ \forall r \in N, \ E(m) = E(m)E(0) \equiv E(m)r^n \bmod n^2$$

因此

$$D\left(E(m)r^n \bmod n^2\right) \equiv m$$

附录 3
安全多方计算的 SPDZ 协议

SPDZ 协议[110~112]（以该协议提出者 Nigel P. Smart、Valerio Pastro、Ivan Damgård、Sarah Zakarias 的姓氏首字母命名）是一种基于些许同态加密框架的安全多方计算协议。该协议也是联邦学习平台底层安全计算的支撑技术之一，支持解决安全多方计算问题。目前，该协议已经在开源项目 FATE（Federated AI Technology Enabler）中实现并应用。特别地，在此项目中的 SPDZ 协议加入了异构特征相关算法，支持异构皮尔逊相关系数的计算。

SPDZ 协议的执行过程分为两个阶段，即离线预处理阶段和线上运行阶段。

首先，约定以下符号含义：

$x \leftarrow S$，表示在集合 S 上均匀分布的一个变量值。

$x \leftarrow s$，表示 $x \leftarrow \{s\}$ 的简写形式，其中 s 为一个数值。

$x \leftarrow A$，表示经过算法 A 计算输出的值。

$[\![\cdot]\!]$ 表示明文 $\cdot$ 经过加密算法加密后得到的密文。

$\langle\cdot\rangle$ 表示秘密 $\cdot$ 已经通过秘密分享方法进行了分享。

$\epsilon(\kappa)$ 表示一个关于 κ 的不定极小函数。

接下来,简要说明 SPDZ 协议的离线预处理阶段的基本框架。该阶段主要使用些许同态加密框架[113]对明文进行加密,对加密后得到的密文再利用秘密分享的方法进行秘密的分发。同时,采用零知识证明协议[111,114]以减少恶意敌手产生的噪声干扰,最终生成安全乘法计算所需要的随机数值、随机数值对、乘法三元组[115]。

1. 离线预处理阶段

初始化:生成全局公钥 α 和参与方各自的私钥 β_i。

(1)各参与方通过函数集合 $\mathcal{F}_{\text{KEYGENDEC}}$ 中的密钥生成函数获取公钥 pk,其中 $\mathcal{F}_{\text{KEYGENDEC}}$ 为些许同态加密框架的密钥生成函数、解密函数等构成的函数集合。

(2)每个参与方 P_i 生成各自的消息认证码私钥 MAC-key $\beta_i \in \mathbb{F}_{p^k}$,其中 $\mathbb{F}_{p^k}$ 为有限域,p 为质数。

(3)每个参与方 P_i 生成 $\alpha_i \in \mathbb{F}_{p^k}$,使 $\alpha := \sum_{i=1}^{n} \alpha_i$。

(4)每个参与方 P_i 计算并广播 $e_{\alpha_i} \leftarrow \text{Enc}_{\text{pk}}(\text{Diag}(\alpha_i)), e_{\beta_i} \leftarrow \text{Enc}_{\text{pk}}(\text{Diag}(\beta_i))$,其中 Enc 为加密函数,Diag 为诊断函数。

(5)每个参与方引用零知识证明,零知识证明记为 Π_{ZKPoPK},证明向量 $(e_{\alpha_1}, \cdots, e_{\alpha_i})$ 和 $(e_{\beta_1}, \cdots, e_{\beta_i})$ 的信息安全性,其中向量的长度由零知识证明的要求决定。

(6)所有参与方计算 $e_\alpha \leftarrow e_{\alpha_1} \oplus \cdots \oplus e_{\alpha_n}$,即在密文空间中做加法运算,并生成 $\text{Diag}(\alpha) \leftarrow \text{PBracket}(\text{Diag}(\alpha_1), \cdots, \text{Diag}(\alpha_n), e_\alpha)$,其中 PBracket() 表示生成密文的加密子协议。

生成随机数值对:这个步骤会生成随机数值对 $(\llbracket r \rrbracket, \langle r \rangle)$,也可以只用来生成单个随机数值 $\llbracket r \rrbracket$。

（1）每个参与方 P_i 在明文空间中生成 $r_i \in (\mathbb{F}_{p^k})^s$，使 $r := \sum_{i=1}^{n} r_i$。

（2）每个参与方 P_i 计算 $e_{r_i} \leftarrow \text{Enc}_{pk}(r_i)$ 并广播，满足 $e_r = e_{r_1} \oplus \cdots \oplus e_{r_n}$。

（3）每个参与方 P_i 引用零知识证明 Π_{ZKPoPK}，与初始化步骤中类似，证明生成密文的安全性。

（4）所有参与方生成 $[\![r]\!] \leftarrow \text{PBracket}(r_1,\cdots,r_n,e_r)$，$\langle r \rangle \leftarrow \text{PAngle}(r_1,\cdots,r_n,e_r)$，其中，PAngle() 表示秘密分享的子协议。

生成乘法三元组：

（1）每个参与方从明文空间中生成 $a_i, b_i \in (\mathbb{F}_{p^k})^s$，使 $a := \sum_{i=1}^{n} a_i$，$b := \sum_{i=1}^{n} b_i$。

（2）每个参与方计算并广播 $e_{a_i} \leftarrow \text{Enc}_{pk}(a_i), e_{b_i} \leftarrow \text{Enc}_{pk}(b_i)$。

（3）每个参与方引用零知识证明 Π_{ZKPoPK}，与初始化步骤中类似，证明生成密文的安全性。

（4）所有参与方计算 $e_a \leftarrow e_{a_1} \oplus \cdots \oplus e_{a_n}$ 和 $e_b \leftarrow e_{b_1} \oplus \cdots \oplus e_{b_n}$。

（5）所有参与方生成 $\langle a \rangle \leftarrow \text{PAngle}(a_1,\cdots,a_n,e_a)$，$\langle b \rangle \leftarrow \text{PAngle}(b_1,\cdots,b_n,e_b)$。

（6）所有参与方计算 $e_c \leftarrow e_a \otimes e_b$，其中 $\otimes$ 表示在密文空间中的乘法运算。

（7）所有参与方设置 $(c_1,\cdots,c_n,e_c') \leftarrow \text{Reshare}(e_c, \text{NewCiphertext})$，其中 Reshare() 表示具有线性可加性的秘密分享机制。

（8）所有参与方生成 $\langle c \rangle \leftarrow \text{PAngle}(c_1,\cdots,c_n,e_c')$。

最后，简要阐述线上运行阶段的基本框架。该阶段主要利用离线预处理阶段所生成乘法三元组、随机数值对等组件，完成安全多方计算。

2. 线上运行阶段

初始化：各参与方选取离线预处理阶段所生成的且已经被秘密分享的密钥 $[\![\alpha]\!]$、一定数量的乘法三元组 $(\langle a \rangle, \langle b \rangle, \langle c \rangle)$、随机数值对 $(\langle r \rangle, [\![r]\!])$，以及随机数值 $[\![t]\!]$ 和 $[\![e]\!]$。

输入：为分享参与方 P_i 的输入 x_i，参与方 P_i 首先选取有效的随机数值对 $(\langle r \rangle, [\![r]\!])$，按照以下步骤操作：

（1）$[\![r]\!]$ 对参与方 P_i 公开（此步骤实际上可在离线预处理阶段完成）。

（2）参与方 P_i 广播 $\epsilon \leftarrow x_i - r$。

（3）各参与方计算 $x_i \leftarrow \langle r \rangle + \epsilon$。

加法运算：不失一般性，可只考虑两个输入 $\langle x \rangle$、$\langle y \rangle$ 的安全加法，各参与方本地计算 $\langle x \rangle + \langle y \rangle$ 即可实现。

乘法运算：不失一般性，考虑两个输入 $\langle x \rangle$、$\langle y \rangle$ 的安全乘法，各参与方按照以下步骤进行运算：

（1）选取两组乘法三元组 $((\langle a \rangle, \langle b \rangle, \langle c \rangle), (\langle f \rangle, \langle g \rangle, \langle h \rangle))$ 来确保 $c = a \cdot b$ 成立，按照以下步骤验证等式是否成立。

① 公开随机数值 $[\![t]\!]$。

② 计算 $t \cdot \langle a \rangle - \langle f \rangle$ 和 $\langle b \rangle - \langle g \rangle$ 并公开结果得到 ρ 和 σ。

③ 计算 $t \cdot \langle c \rangle - \langle h \rangle - \sigma \cdot \langle f \rangle - \rho \cdot \langle g \rangle - \sigma \cdot \rho$ 并公开结果。

④ 若结果非零，则验证通过，否则重新选择乘法三元组。

（2）各参与方计算 $\epsilon := \langle x \rangle - \langle a \rangle$ 和 $\delta := \langle y \rangle - \langle b \rangle$ 并公开，利用公开结果计算 $\langle z \rangle \leftarrow \langle c \rangle + \epsilon \langle b \rangle + \delta \langle a \rangle + \epsilon \delta$。

输出： 设最终的输出值为 u，此时输出值已经相当于通过秘密分享的方法被分割为多个子秘密，记为 $\langle u \rangle$，每个参与方都拥有一个子秘密。下面按照秘密分享的恢复方法将输出值恢复、验证并公开。

(1) 设 $(a_1, \cdots, a_T)$ 为已公开的值，其中 $\langle a_j \rangle = (\delta_j, (a_{j,1}, \cdots, a_{j,n}), (\gamma(a_j)_1, \cdots, \gamma(a_j)_n))$，

此时公开随机数值 $[\![e]\!]$，各参与方设置 $e_i = e^i$，所有参与方共同计算 $a \leftarrow \sum_j e_j a_j$。

(2) 参与方 P_i 调用函数 $\mathcal{F}_{\text{COM}}$ 计算 $\gamma_i \leftarrow \sum_j \gamma(a_j)_i$ 并提交结果，同时参与方 P_i 也提交子秘密 u_i 和相应的消息认证码的 $\gamma(u_i)$ 值。其中，$\mathcal{F}_{\text{COM}}$ 为约定函数，其接收并存储各参与方提交的结果。

(3) 公开 $[\![\alpha]\!]$。

(4) 每个参与方 P_i 调用函数 $\mathcal{F}_{\text{COM}}$ 公开 γ_i，所有参与方验证 $\alpha(a + \sum_j e_j \delta_j) = \sum_j \gamma_j$ 是否成立。若成立，则可继续运算获得正确的输出结果，否则终止协议。

(5) 各参与方约定公开 u_i 和 $\gamma(u_i)$，通过秘密分享的恢复函数恢复输出值 $u := \sum_i u_i$，同时各参与方验证 $\alpha(u + \delta) = \sum_i \gamma(u)_i$，若验证通过，则恢复的 u 为正确的输出值，否则不是，说明过多参与方为恶意敌手或者被恶意敌手所操控。

参 考 文 献

[1] MCMAHAN H B, MOORE E, RAMAGE D, et al. Federated Learning of Deep Networks using Model Averaging[A/OL]. arXiv.org(2016-02-17).

[2] YANG Q, LIU Y, CHEN T J, et al. Federated Machine Learning: Concept and Applications[J]. ACM Transactions on Intelligent Systems & Technology. 2019, 10(2): 1-19.

[3] RIVEST R L, ADLEMAN L, DERTOUZOS M L. On data banks and privacy homomorphisms[J]. Foundation of Secure Computations. 1978(4): 169-180.

[4] YAO A C. Protocols for secure computation[C]. Proceedings of the 23rd Annual Symposium on Foundations of Computer Science (sfcs 1982). New Jersey: IEEE, 1982: 160-164.

[5] AGRAWAL R, SRIKANT R. Privacy-preserving data mining[C]. Proceedings of the 2000 ACM SIGMOD international conference on Management of data. Berlin: Springer Publishing Company, 2000: 439-450.

[6] VAIDYA J, YU H, JIANG X Q. Privacy-preserving SVM classification[J]. Knowledge & Information Systems. 2008(14) : 161-178.

[7] DU W, HAN Y S , CHEN S. Privacy-Preserving Multivariate Statistical Analysis: Linear Regression and Classification[C]. Proceedings of the 2004 SIAM International Conference on Data Mining(SDM). Philadelphia: Society for Industrial and Applied Mathematics, 2004: 222-233.

[8] MOHASSEL P, ZHANG Y. SecureML: A System for Scalable Privacy-Preserving Machine Learning[C]. 2017 IEEE Symposium on Security and Privacy (SP) . New Jersey: IEEE, 2017: 19-38.

[9] BOGDANOV D, LAUR S, WILLEMSON J. Sharemind: A Framework for Fast Privacy-Preserving Computations[C]. European Symposium on Research in Computer Security (ESORICS). Berlin: Springer Publishing Company, 2008: 192-206.

[10] MOHASSEL P, RINDAL P. ABY 3: A Mixed Protocol Framework for Machine Learning[C]. Proceedings of the 2018 ACM SIGSAC Conference on Computer and Communications Security. New York: Association for Computing Machinery, 2018: 35-52.

[11] ARAKI T, FURUKAWA J, LINDELL Y, et al. High-Throughput Semi-Honest Secure Three-Party Computation with an Honest Majority[C]. Proceedings of the 2016 ACM SIGSAC Conference on Computer and Communications Security. New York: Association for Computing Machinery, 2016: 805-817.

[12] FURUKAWA J, LINDELL Y, NOF A, et al. High-Throughput Secure Three-Party Computation for Malicious Adversaries and an Honest Majority[C]. Advances in Cryptology EUROCRYPT 2017, Berlin: Springer Publishing Company, 2017: 225-255.

[13] MOHASSEL P, ROSULEK M, ZHANG Y. Fast and Secure Three-party Computation: The Garbled Circuit Approach[C]. Proceedings of the 22nd ACM SIGSAC Conference on Computer and Communications Security. New York: Association for Computing Machinery, 2015: 591-602.

[14] DWORK C. Differential privacy: a survey of results[C]. Theory and Applications of Models of Computation. Berlin: Springer Publishing Company, 2008: 1-19.

[15] VAIDYA J, CLIFTON C. Privacy Preserving Naïve Bayes Classifier for Vertically Partitioned Data[C]. Proceedings of the 2004 SIAM International Conference on Data Mining, Philadelphia: Society for Industrial and Applied Mathematics, 2004: 522-526.

[16] ABADI M, CHU A, GOODFELLOW I, et al. Deep Learning with Differential Privacy[C]. Proceedings of the 2016 ACM SIGSAC Conference on Computer and Communications Security. New York: Association for Computing Machinery, 2016: 308-318.

[17] SONG S, CHAUDHURI K, SARWATE A D. Stochastic gradient descent with differentially

private updates[C]. 2013 IEEE Global Conference on Signal and Information Processing. New Jersey: IEEE, 2013: 245-248.

[18] GEYER R C, KLEIN T, NABI M. Differentially Private Federated Learning: A Client Level Perspective[A/OL]. arXiv.org(2017-12-20).

[19] GIACOMELLI I, JHA S, JOYE M, et al. Privacy-Preserving Ridge Regression with only Linearly-Homomorphic Encryption[C]. Proceedings of 2018 International Conference on Applied Cryptography and Network Security. Berlin: Springer Publishing Company, 2018: 243-261

[20] HALL R, FIENBERG S E, NARDI Y. Secure Multiple Linear Regression Based on Homomorphic Encryption[J]. Journal of Official Statistics, 2011, 27(4):669-691.

[21] HESAMIFARD E, TAKABI H, GHASEMI M.. CryptoDL: Deep Neural Networks over Encrypted Data[A/OL]. arXiv.org(2017-11-14).

[22] YUAN J, YU S. Privacy Preserving Back-Propagation Neural Network Learning Made Practical with Cloud Computing[M]. Berlin: Springer Publishing Company, 2012.

[23] ZHANG Q, YANG L T, CHEN Z. Privacy Preserving Deep Computation Model on Cloud for Big Data Feature Learning[J]. IEEE Transactions on Computers, 2016, 65(5):1351-1362.

[24] AONO Y, HAYASHI T, PHONG L T, et al. Scalable and Secure Logistic Regression via Homomorphic Encryption[C]. Proceedings of the Sixth ACM on Conference on Data and Application Security and Privacy. New Orleans: Association for Computing Machinery 2016:142-144.

[25] KIM M, SONG Y, WANG S, et al. Secure Logistic Regression Based on Homomorphic Encryption: Design and Evaluation[J]. JMIR medical informatics, 2017, 6(2):19.

[26] ZHU L., HAN S. Deep Leakage from Gradients[C]. Federated Learning. Lecture Notes in Computer Science,. Berlin: Springer Publishing Company,Springer.2020:17-31.

[27] BAGDASARYAN E, VEIT A, HUA Y, et al. How To Backdoor Federated Learning[A/OL]. arXiv.org(2018-07-02).

[28] MELIS L, SONG C, CRISTOFARO E D, et al. Inference Attacks Against Collaborative Learning[A/OL]. arXiv.org(2018-05-10).

[29] SU L, XU J. Securing Distributed Gradient Descent in High Dimensional Statistical Learning[J]. ACM Sigmetrics Performance Evaluation Review, 2019, 47(1): 83-84.

[30] KIM H, PARK J, BENNIS M, et al. Blockchained On-Device Federated Learning[J]. IEEE Communications Letters, 2020, 24(6): 1279-1283.

[31] FANTI G, PIHUR V, ERLINGSSON U. Building a RAPPOR with the Unknown: Privacy-Preserving Learning of Associations and Data Dictionaries[J]. Proceedings on Privacy Enhancing Technologies, 2016 (3): 41-61.

[32] HARD A, RAO K, MATHEWS R, et al. Federated Learning for Mobile Keyboard Prediction[A/OL]. arXiv.org (2019-02-28).

[33] YANG T, ANDREW G, EICHNER H, et al. Applied Federated Learning: Improving Google Keyboard Query Suggestions[A/OL]. arXiv.org (2018-12-07).

[34] CHEN M, MATHEWS R, OUYANG T, et al. Federated Learning Of Out-Of-Vocabulary Words[A/OL]. arXiv.org (2019-03-26).

[35] RAMASWAMY S, MATHEWS R, RAO K, et al. Federated Learning for Emoji Prediction in a Mobile Keyboard[A/OL]. arXiv.org (2019-06-11).

[36] LEROY D, COUCKE A, LAVRIL T, et al. Federated Learning for Keyword Spotting[A/OL]. arXiv.org (2019-02-18).

[37] COURTIOL P, MAUSSION C, MOARII M, et al. Deep learning-based classification of mesothelioma improves prediction of patient outcome[J]. Nature Medicine, 2019, 25(10): 1519-1525.

[38] KAIROUZ P, MCMAHAN H B, AVENT B, et al. Advances and Open Problems in Federated Learning[A/OL]. arXiv.org (2019-12-10).

[39] 李璠. 科技创新助力金融控股集团数字化转型[M]. 中国金融家, 2020, (1): 116-118.

[40] ANDERSON R. The Credit Scoring Toolkit: Theory and Practice for Retail Credit Risk Management and Decision Automation[M]. New York: Oxford University Press Inc. 2007.

[41] 周志华. 机器学习[M]. 北京: 清华大学出版社. 2016.

[42] PHONG L T, AONO Y, HAYASHI T, et al. Privacy-Preserving Deep Learning via Additively Homomorphic Encryption[J]. IEEE Transactions on Information Forensics and Security, 2017, 13(5): 1333-1345.

[43] BONAWITZ K, IVANOV V, KREUTER B, et al. Practical Secure Aggregation for Privacy-Preserving Machine Learning[C]. Proceedings of the 2017 ACM SIGSAC Conference on Computer and Communications Security. New York: Association for Computing Machinery, 2017: 1175-1191.

[44] HITAJ B, ATENIESE G, PEREZ-CRUZ F. Deep Models under the GAN: Information Leakage from Collaborative Deep Learning[C]. Proceedings of the 2017 ACM SIGSAC Conference on Computer and Communications Security. New York: Association for Computing Machinery, 2017: 603-618.

[45] HARDY S, HENECKA W, IVEY-LaAW H, et al. Private Federated Learning on Vertically Partitioned Data via Entity Resolution and Additively Homomorphic Encryption[A/OL]. arXiv.org (2017-11-29).

[46] SCHMIDT M, ROUX N L, BACH F. Minimizing Finite Sums with the Stochastic Average Gradient[J]. Mathematical Programming, 2017, 162(1-2): 83-112.

[47] BREIMAN L. Random Forests[J]. Machine Learning, 2001, 45(1): 5-32.

[48] FRIEDMAN J H. Greedy Function Approximation: A Gradient Boosting Machine[J]. Annals of Statistics, 2001, 29(5): 1189-1232.

[49] CHEN T, GUESTRIN C. Xgboost: A Scalable Tree Boosting System[C]. Proceedings of the 22nd ACM SIGKDD International Conference on Knowledge Discovery and Data Mining. New York: Association for Computing Machinery, 2016: 785-794.

[50] CHENG K, FAN T, JIN Y, et al. Secureboost: A Lossless Federated Learning Framework[A/OL]. arXiv.org (2019-01-25).

[51] LIANG G,CHAWATHE S S. Privacy-Preserving Inter-Database Operations[C]. Intelligence and Security Informatics. Berlin: Springer Publishing Company, 2004: 66-82.

[52] GOODFELLOW I, BENGIO Y, COURVILLE A. Deep Learning[M]. Cambridge: The MIT Press. 2016.

[53] GAO D, TAN B, JU C, et al. Privacy Threats Against Federated Matrix Factorization [A/OL]. arXiv.org (2020-07-03).

[54] RENDLE S. Factorization Machines[C]. 2010 IEEE International Conference on Data Mining. New Jersey: IEEE, 2010: 995-1000.

[55] YANG Q. Federated Learning in Recommendation Systems[EB/OL].2019-12.

[56] CHAI D, WANG L, CHEN K, et al. Secure Federated Matrix Factorization [A/OL]. arxiv.org (2019-06-12).

[57] WANG G, DANG C X, ZHOU Z. Measure Contribution of Participants in Federated Learning[C].2019 IEEE International Conference on Big Data (Big Data). New Jersey: IEEE, 2019:2597-2604.

[58] MOLNAR C. Interpretable Machine Learning[M]. Morrisville: Lulu Press. 2019.

[59] 王卫，张梦君，王晶. 国内外大数据交易平台调研分析[J]. 情报杂志，2019, 38（2）：181-186，194.

[60] 杨强，刘洋，程勇，等. 联邦学习[M]. 北京：电子工业出版社，2020.

[61] 杨强，黄安埠，刘洋，等. 联邦学习实战[M]. 北京：电子工业出版社. 2021.

[62] FATE developers. FATE AllinOne 部署指南[EB/OL]. (2019-12-25)/[2021-11-02].

[63] FATE developers. FATE Docker Compose 部署 [EB/OL]. (2019-09-24)/[2020-11-18].

[64] FATE developers. FATE Kubernetes 部署[EB/OL]. (2021-01-01)/[2021-06-29].

[65] MASTROIANNI G. Uniform Convergence of Derivatives of Lagrange Interpolation[J]. Journal of Computational and Applied Mathematics, 1992, 43(1-2):37-51.

[66] BHATTACHARY S, JHA S , THARAKUNNEL K , et al. Data Mining for Credit Card Fraud: A Comparative Study[J]. Decision Support Systems, 2011, 50(3):602-613.

[67] BOLTON R J , HAND D J. Statistical Fraud Detection: A Review[J]. Statistical Science, 2002, 17(3):235-255.

[68] LI K, ZHENG F, TIAN J, et al. A Federated F-score Based Ensemble Model for Automatic Rule Extraction [A/OL]. arXiv.org (2020-07-17).

[69] QUINLAN J . C4.5: Programms for Machine Learning[M]. San Francisco: Morgan Kaufmann Publishers Inc, 1995.

[70] PAILLIER P. Public-Key Cryptosystems Based on Composite Degree Residuosity Classes[C]. Advances in Cryptology EUROCRYPT '99. Berlin: Springer Publishing Company, 1999: 223-238.

[71] THOMAS L C. Consumer credit models : pricing, profit, and portfolios[M]. Oxford: Oxford University Press, 2009.

[72] Jorge N, Stephen J W Numerical Optimization: Springer Series in Operations Research and Financial Engineering[M]. Berlin: Springer Publishing Company, 2006.

[73] BYRD R H, Lu P, NOCEDAL J, et al. A limited memory algorithm for bound constrained optimization[J]. SIAM Journal on Scientific Computing, 1995, 16(5):1190-1208.

[74] YANG K, FAN T, CHEN T, et al. A quasi-newton method based vertical federated learning framework for logistic regression[A/OL]. arXiv.org (2019-12-04).

[75] ZHENG F, ERIHE, LI K, et al .A vertical federated learning method for interpretable scorecard and its application in credit scoring[A/OL]. arXiv.org(2020-09-14).

[76] 许闲, 尹晔. 国际视角下的金融科技、保险科技与监管科技发展[J]. 保险理论与实践, 2020（2）:43-46.

[77] GANDHI D, KAUL R. Future of Life Underwriting - Art, Science & Technology: How new technology is shaping the future of underwriting and underwriters[J]. Asia Insurance Review. 2016(06):76-77.

[78] 鹿慧，张晓奇，戴鹏，. 当保险遇上人工智能[J]. 中国保险, 2018(10):47-51.

[79] 唐金成, 刘鲁. 保险科技时代"AI+保险"模式应用研究[J]. 西南金融，2019 (5):63-71.

[80] 黄万鹏. 保险科技助力保险业高质量发展[J]. 中国保险, 2018 (7):12-15.

[81] VLADIMIR K, LJILJANA K, MILIJANA N. A nonparametric data mining approach for risk prediction in car insurance: a case study from the Montenegrin market[J]. Economic Research-Ekonomska Istraživanja. 2016(29):545-558.

[82] RUMELHART D, HINTON G, WILLIAMS R. Learning Representations by Back Propagating Errors[J]. Nature, 1986(323): 533-536.

[83] LECUN Y, BENGIO Y, HINTON G. Deep Learning[J]. Nature, 2015(521): 436-444.

[84] VIOLA P, JONES M J. Robust Real-time Face Dection[J]. International Journal of Computer Version, 2004, 57(2) : 137-154.

[85] GIRSHICK R, DONAHUE J, DARREL T, et al. Rich Feature Hierarchies for Accurate Object Detection and Semantic Segmentation[C]. 2014 IEEE Conference on Computer Vision and Pattern Recognition. New Jersey: IEEE, 2014: 580-587.

[86] REDMON J, DIVVALA S, GIRSHICK R, et al. You Only Look Once: Unified, Real-time Object Detection[C]. 2016 IEEE Conference on Computer Vision and Pattern Recognition. New Jersey: IEEE, 2016: 779-788.

[87] ROY A, SIDDIQUI S, POLSTERL S. Braintorrent: A Peer-to-peer Environment for Decentralized Federated Learning[A/OL]. arXiv.org (2019-05-15).

[88] GERZ D, VULIC I, PONTI E, et al. Language modeling for morphologically rich languages: Character-aware modeling for word-level prediction[J]. Transactions of the Association for Computational Linguistics, 2018, 6(4): 451-465.

[89] LAM M W Y, CHEN X, HU S, et al. Gaussian Process Lstm Recurrent Neural Network Language Models for Speech Recognition[C]. ICASSP 2019 - 2019 IEEE International Conference on Acoustics, Speech and Signal Processing (ICASSP). New Jersey: IEEE, 2019: 7235 - 7239.

[90] MA K, LEUNG H. A Novel LSTM Approach for Asynchronous Multivariate Time Series Prediction[C]. 2019 International Joint Conference on Neural Networks (IJCNN). New Jersey: IEEE, 2019: 1-7.

[91] AINA L, GULORDAVA K, BOLEDA G. Putting Words in Context: LSTM Language Models and Lexical Ambiguity[C] // Proceedings of the 57th Annual Meeting of the Association for Computational Linguistics. Florence: Association for Computational Linguistics(ACL), 2019: 3342-3348.

[92] XIAO P, CHENG S, STANKOVIC V, et al. Averaging is probably not the optimum way of aggregating parameters in federated learning[J]. Entropy, 2020, 22(3): 314.

[93] JI S, PAN S, LONG G, et al. Learning private neural language modeling with attentive aggregation[C]. 2019 International Joint Conference on Neural Networks (IJCNN). New Jersey: IEEE, 2019: 1-8.

[94] YAO X, HUANG C, SUN L. Two-stream federated learning: Reduce the communication costs[C]. 2018 IEEE Visual Communications and Image Processing (VCIP). New Jersey: IEEE, 2018: 1-4.

[95] VOGELS T, KARIMIREDDY S P, JAGGI M. PowerSGD: Practical low-rank gradient compression for distributed optimization[A/OL]. arXiv.org (2020-02-18).

[96] ZHU X, WANG J, HONG Z, et al. Empirical studies of institutional federated learning for natural language processing[C].Findings of the Association for Computational Linguistics: EMNLP

2020.[S.l.]: Association for Computational Linguistics, 2020: 625-634.

[97] CUGGIA M, COMBES S. The french health data hub and the german medical informatics initiatives: Two national projects to promote data sharing in healthcare[J]. Yearbook of medical informatics, 2019, 28(1): 195-202.

[98] SPOMS O, TONONI G, KöTTER R. The human connectome: a structural description of the human brain[J]. PLoS Computational Biology, 2005, 1(4): e42.

[99] SUDLOW C, GALLACHER J, ALLEN N, et al. Uk biobank: an open access resource for identifying the causes of a wide range of complex diseases of middle and old age[J]. PLoS Medicine, 2015, 12(3): e1001779.

[100] MENZE B H, JAKAB A, BAUER S, et al. The multimodal brain tumor image segmentation benchmark (brats)[J]. IEEE Transactions on Medical Imaging, 2014, 34: 1993-2024.

[101] ROCHER L, HENDRICKX J M, DE MONTJOYE Y A. Estimating the success of re-identifications in incomplete datasets using generative models[J]. Nature Communications, 2019, 10: 1-9.

[102] YEH F C, VETTEL J M, SINGH A, et al. Quantifying differences and similarities in whole-brain white matter architecture using local connectome fingerprints[J]. PLoS Computational Biology, 2016, 12: e1005203.

[103] LEE J, SUN J, WANG F, et al. Privacy-preserving patient similarity learning in a federated environment: development and analysis[J]. JMIR Medical Informatics, 2018, 6(2): e20.

[104] LI X. Multi-site fmri analysis using privacy-preserving federated learning and domain adaptation: abide results[A/OL]. arXiv.org (2020-12-06).

[105] LI T, SAHU A K, ZAHEER M, et al. Federated optimization in heterogeneous networks[A/OL]. arXiv.org (2020-04-21).

[106] Bill Gates. 未来之路[M]. 辜正坤 译. 北京：北京大学出版社, 1996.

[107] WU Q, HE K, CHEN X. Personalized Federated Learning for Intelligent IoT Applications: A Cloud-Edge Based Framework[J]. IEEE Open Journal of the Computer Society, 2020, 1:35-44.

[108] KHAN L, SAAD W, ZHU H, et al. Federated Learning for Internet of Things: Recent Advances, Taxonomy and Open Challenges[A/OL]. arXiv.org (2021-06-18).

[109] 杨波. 现代密码学[M]. 北京：清华大学出版社. 2015.

[110] DAMGARD I, KELLER M, LARRAIA E, et al. Practical Covertly Secure MPC for Dishonest Majority - Or: Breaking the SPDZ Limits[C]. Computer Security ESORICS. Berlin: Springer Publishing Company, 2013: 1-18.

[111] CRAMER R, DAMGARD I. On the Amortized Complexity of Zeroknowledge Protocols[C]. Advances in Cryptology EUROCRYPT. Berlin: Springer Publishing Company, 2009: 177-191.

[112] DAMGARD I, PASTRO V, SMART N, et al. Multiparty Computation from Somewhat Homomorphic Encryption[C]. Advances in Cryptology EUROCRYPT. Berlin: Springer Publishing Company, 2012: 643-662.

[113] BENDLIN R, DAMGARD I, ORLANDI C, et al. Semihomomorphic Encryption and Multiparty Computation[C]. Advances in Cryptology EUROCRYPT 2011. Berlin: Springer Publishing Company, 2011: 169-188.

[114] DAMGARD I, KELLER M, LARRAIA E, et al. Implementing AES via an Actively/Covertly Secure Dishonest-Majority MPC Protocol[C]. Security and Cryptography for Networks. Berlin: Springer Publishing Company, 2012: 241-263.

[115] BEAVER D. Efficient Multiparty Protocols Using Circuit Randomization[C]. Advances in Cryptology EUROCRYPT '91. Berlin: Springer Publishing Company, 1991: 420-432.